国内外油品储罐事故警示录

朱喜平　程万洲　等编著

石油工业出版社

内 容 提 要

本书对近年来国内外石油储罐违章作业与误操作、设备故障与失效、静电与雷击、腐蚀失效等 4 类典型事故案例进行梳理和分析，系统总结各类储罐事故案例中的经验教训，并对石油储罐安全管理提升提出意见和建议。

本书可作为提高油库管理及技术人员的安全防范意识和专业技术水平的参考书，也可供相关院校和专业的师生参考使用。

图书在版编目（CIP）数据

国内外油品储罐事故警示录 / 朱喜平等编著 .
北京：石油工业出版社，2025. 2. -- ISBN 978-7-5183-7320-8

Ⅰ .TE972.07

中国国家版本馆 CIP 数据核字第 2025JA2306 号

出版发行：石油工业出版社
（北京安定门外安华里二区 1 号楼　100011）
网　址：www. petropub. com
编辑部：（010）64523757　图书营销中心：（010）64523633
经　　销：全国新华书店
印　　刷：北京九州迅驰传媒文化有限公司

2024 年 12 月第 1 版　2024 年 12 月第 1 次印刷
787 毫米 ×1092 毫米　开本：1/16　印张：9
字数：140 千字

定价：100.00 元
（如出现印装质量问题，我社图书营销中心负责调换）

《国内外油品储罐事故警示录》
编 写 组

组　长：朱喜平　程万洲

副组长：王新生　杜华东　关　睿

成　员：张海宁　赵洪亮　黄伟铭　单　良
高　楠　梁　柯　胡　旭　杨玉锋
马永飞　张　强　张利波　刘白杨
陈　琳　李勇志　张希祥　魏然然
翟京山　胡　俊　卢晓东　张景民
甘　磊

前言

近年来，国内外危险化学品事故频发，加强危险化学品管控、防止重特大生产安全事故的发生成为当前迫切任务。作为管道行业的重大危险源之一，储罐事故会导致人员伤亡和巨额财产损失，甚至导致环境污染和生态灾难。同时随着原油、成品油长输管道建设的快速增长，大型重点油库的相继投用，库容不断增加，油库服役年限越来越长，火灾危险性不断增大，因此急需从根源上消除储罐恶性事故，防患于未然，提高油库安全管理水平。

为深入贯彻习近平总书记关于防范重大安全风险的指示批示精神，落实国务院安委会办公室《落实大型油气储存基地安全风险管控措施工作方案》（安委办〔2022〕3号）部署，收集整理了近年来国内外石油储罐典型事故案例共36项，并将事故案例分为违章作业与误操作、设备故障与失效、静电与雷击以及腐蚀失效共4类，系统梳理各类储罐事故案例中具有典型代表性的经验教训，力求做到理论与实践相结合，希望能够对读者开展油库安全管理工作有所启示，提高安全防范意识和专业技术水平。

因时间仓促，编者水平有限，内容难免有疏漏之处，恳请广大读者批评指正。

目 录

1　绪　论

本书通过研究北美、欧洲等地区石油储罐事故的特点，以及国外石油储罐安全法规标准、事故分析方法、国内外典型石油储罐事故案例，分别从法规标准层面、事故管理层面、技术层面对国内石油库安全管理提出改进建议与措施，把相应的石油库标准制定和管理提升措施贯穿到后续油库的安全运行及新建油库设计过程中，从而提高油库的本质安全化水平。

1.1　石油储罐标准法规变革

国外石油库建设经过多年发展，其间所发生层出不穷的事故也不断推动法规标准的更新与完善。对于石油库事故调查，国外法规标准的理念在于“事故调查是为了找出事故发生的可能原因，从而制定相关措施，以防止类似事故再次发生，而不是为了认定或归咎责任”。从以下的案例中，可以明显看出国外石油库事故对于标准法规变革带来的推动作用。

如在 2009 年 Caribbean Petroleum 公司成品油储罐设备失效爆炸事故造成了极为严重的经济损失和社会影响，而造成事故的一个重要原因在于事故区石油库未设置独立或冗余的液位报警或自动防溢油系统，美国 NFPA 30 也只规定在储罐上设置一层防护的要求，以及计量一致性要求；同时，从政府管理机构层面和管道公司层面也缺乏一个能全面覆盖储罐末站安全操作的行业标准或程序性文件，包括储罐灌装作业和防溢油安全操作程序。因此，针对此次事故发生的原因，美国石油协会、美国消防协会、美国环境保护署、职业安全与健康管理局多个政府部门都提出修改相关法规标准的建议，其中极为重要的一条法规标准修改建议如下：“美国石油协会提出修订 ANSI/API 2350《石油设施中储罐的溢油保护》(2015)，要求针对用于存储汽油、航空燃料、其他燃料混合物或混合燃料以及 NFPA 704 可燃性等级为 3 或更高的易燃液体的地上储罐区以及其附属设备或新安装的设备，都需要安装自动防溢油系统。该系统应满足的一条重要标准为：自动防溢油系统在物理上独立于液位控制和监测系统。”由此可见，国外管道和石油库法规标准也是在事故中不断总结经验教训，不断进行完善的。

1.2 石油储罐事故案例数据库建设

通过开展国外石油储罐事故案例的调查分析，可以发现导致事故发生的原因、国外事故调查所应用的方法、根据不同事故案例所采取的事故应急响应措施以及所获取的事故经验等。国外通过建设失效数据库，总结过往发生的事故，通过大数据分析和研判技术，从而采取针对性预测预防措施避免再次发生类似事故。在失效数据库建设方面，本书整理了美国 PHMSA、加拿大 NEB 以及欧洲 EGIG 等组织建立的管道失效数据库。

1.2.1 美国油气管道事故数据库建设

美国的管道失效数据库由运输部（DOT）下属的管道运输安全办公室（OPS）以及能源部下属的 PHMSA 管理，收集和分析了从 1970 年开始的管道事故数据。根据美国联邦法规规定，对于造成人员伤亡或大于 50000 美元以上损失或显著不良影响的管道及附属设施事故，运营企业必须向 OPS 报告。报告的内容包括事故发生的时间和地点、泄漏或破裂类型、是否发生爆炸以及人员财产损失、事故发生时的压力和最大允许操作压力（MAOP）、管道规格等基本信息以及与事故相关的一切详细情况。

1.2.2 加拿大油气管道事故数据库建设

加拿大的国家能源委员会（NEB）是一个成立于 1956 年的独立机构。根据各管道公司向其报告的人员伤亡及环境影响情况、火灾或爆炸情况、烃类泄漏情况、误操作情况等事故信息，通过整合数据与报告形成管道失效数据库（PID）。数据库的对象包括了加拿大境内油气输送管道、其他油气存储设备以及各种压缩机、泵、阀等附属工艺设施，收集了从管道建设到终止使用全生命周期的失效数据。根据加拿大油气管道标准 CSA Z662，数据库将管道失效原因分为金属损失、破裂、外部干扰、材料或制造缺陷、土体移动、其他等 6 个因素。

1.2.3 欧洲油气管道事故数据库建设

1982 年，6 个欧洲输气系统运营商将各自管道泄漏数据收集在一起，形成了欧洲输气管道事故数据组织（EGIG）。现今，这一组织已经扩大到丹麦、西班牙、比利时、芬兰、荷兰、法国、德国、意大利、瑞士、英国、捷克、葡萄牙、瑞典、爱尔兰、奥地利 15 个国家。EGIG 数据库收集了自 1970 年开始的管道失效事故数据，应用统计学方法计算失效频率，每 3 年出版一次综合报告以反映欧洲管道安全状况和未来的发展趋势。

EGIG 数据库的收录标准如下：

（1）事故必须导致天然气的意外泄漏；

（2）管道必须满足以下条件：

①钢制管道；

②陆上管道；

③最大运行压力超过 1.5MPa；

④管道位于天然气站场之外。

该数据库既包含了欧洲输气管道系统的总体信息，也包括了详细的事故信息，并将事故原因分为外部干扰、腐蚀、施工及材料缺陷、误操作、地表运动、其他等 6 类。在对管道失效数据收集归纳的基础上，EGIG 应用统计学方法对其进行定量分析，定量分析的目的是对信息进行解释，进而对样本或提取样本的管线群做出总结。管道事故的统计类型分成总体失效频率和分类失效频率。总体失效频率是事故数据除以现有总的管道系统长度，分类失效频率是事故数据除以部分管道系统（如直径类别、管道壁厚、覆盖层厚度等）长度。

1.3 近年来石油储罐事故发展趋势

美国 PHMSA 对 1996—2015 年美国管道事故进行了统计分析，涵盖危险液体管道、输气管道、配气管道以及集气管道有记录的管道事故，在 20 年间，共计发生管道事故11195起。其中严重事故859起，重大事故5668起，死亡人数346人，受伤人数1347人，直接经济损失75.33亿美元，平均每年经济损失高达3.77亿美元。加拿大2015年液体管道年平均事故发生率为0.077次/（1000km/a），天然气管道年平均事故发生率为0.199次/（1000km/a）。欧洲输气管道事故数据组织EGIG在2015年2月发布的事故报告显示1970—2013年所发生的由各种原因引起的管道事故共计1309起，2013年平均事故率为0.16次/1000km。

随着管道技术的进步，管道安全立法和监管不断加强，如美国针对管道建设、运营、承包、管理，分别出台气体管道和液体管道的完整性管理标准，规范和提高管道运营管理水平；欧洲各国政府和管道运营商不断加强第三方开挖等外部干扰活动的监督和管理，严格执行土地利用计划，应用外部挖掘直通系统等，管道事故和伤亡总体呈下降趋势。

1.4 国外石油储罐事故原因分析方法

国外石油储罐事故原因分析方法主要包括现场调查和实验室分析两种方法。现场调查主要是对事故现场进行描述，调查内容主要包括事故发生位置、事故发生发展过程、事故后果描述以及事故初步原因调查等信息。实验室分析包括对失效管段的目视检查、尺寸测量、磁粉检测、防腐层试验、化学试验、金相试验、力学试验和硬化试验。失效管段的目视检查、尺寸测量和磁粉检测可以用于发现管道机械损伤，比如目视检查失效管段管径、椭圆度和壁厚测量，凹坑长度、数量以及位置等信息；通过化学分析、金相分析和硬化试验判断失效管段破裂的原因，比如可以根据上述试验结果分析管道是否受火灾影响导致过热，进而降低管道的屈服强度与承载内压的能力，引起管道破裂。

本书主要搜集和筛选了发生在美国、加拿大、欧洲等地区或国家的事故。由于这些国家和地区在进行事故数据库统计时，并没有将石油储罐和管道分开进行统计分析；因此，国外的事故数据库的风险要素分类同时适用于管道和石油储罐事故。为了对事故案例原因进行详细分析，本书对美国、加拿大以及欧洲等地区或国家的事故原因分类统计原则进行了总结。

通过总结美国 PHMSA 对事故风险类型的分类原则，发现 PHMSA 对事故原因分为腐蚀、挖掘破坏、误操作、材料 / 焊接 / 设备失效、自然力破坏、其他外力破坏以及其他原因共 7 类 37 项见表 1.1。

表 1.1　美国 PHMSA 事故风险要素统计分类

组织或标准	原因分类	项目
美国 PHMSA	（1）腐蚀：内腐蚀、外腐蚀、未知类型； （2）挖掘破坏：运营商 / 承包商挖掘、第三方挖掘、未知类型； （3）误操作：运营商 / 承包商操作失误、不正确安装、其他不正确操作、未知类型； （4）材料 / 焊接 / 装备失效：生产制造相关、环境裂纹相关、管体、管道焊缝、机械配合、接头 / 配合 / 部件、其他管道 / 焊缝 / 接头失效、控制 / 救援装备故障、连接 / 耦合失效、非连接失效、其他装配失效、未知类型的材料 / 焊接 / 装备失效； （5）自然力破坏：地壳运动、暴雨 / 洪水、闪电、温度、狂风、未知类型自然力破坏； （6）其他外力破坏：火灾 / 爆炸主导、挖掘作业未停车、其他设备 / 设施电弧、之前的机械损伤、蓄意破坏、其他外力破坏、未知类型外力破坏； （7）其他原因：混杂原因、未知原因	7 类 37 项

通过总结加拿大对事故风险类型的分类原则，发现加拿大标准 CSA Z662《油气管道系统》条款 H.2.6 将管道失效的原因分为 6 类 27 项，分别为金属损失，开裂，外部干扰，材料、制造和施工缺陷，地质灾害以及其他原因见表 1.2。

表 1.2　加拿大事故风险要素统计分类

组织或标准	原因分类	项目
加拿大 CSA Z662	（1）金属材料损失：外部金属材料损失（管道或焊缝外表面腐蚀或侵蚀）、内部金属损失（管道或焊缝内表面腐蚀或侵蚀）； （2）开裂； （3）外部影响：公司员工（甲方）、承包方（乙方）、第三方破坏、蓄意破坏； （4）材料 / 制造 / 建设：纵焊缝缺陷、螺旋焊缝缺陷、环焊缝缺陷、管体缺陷、褶皱或屈曲、其他接头缺陷； （5）地质灾害：冲刷侵蚀、冻胀融沉、建设或开采活动、地震、斜坡移动； （6）其他原因：控制系统故障、不当操作、雷电、火灾、未知类型	6 类 27 项

欧洲输气管道事故数据组织（European Gas pipeline Incident data Group，EGIG）和欧洲清洁空气和水保护组织（Conservation of Clean Air and Water in Europe，Concawe）也定期对其所辖输气及输油管道泄漏事故进行统计并发布事故报告。欧洲输气管道事故数据组织现有 15 个成员国组织。EGIG 将事故定义为：管道最大运行压力超过 1.5MPa，发生气体泄漏事故。同时将造成天然气管道事故的原因分为 6 种：外部干扰、施工缺陷 / 材料失效、腐蚀、地面运动、错误带压开孔操作、其他

原因。Concawe 将管道泄漏事故失效原因分成机械损伤、运行失误、腐蚀、自然灾害、第三方活动共 5 类。欧洲对管道事故的风险要素统计分析将输油管道共分为 5 类 30 项，输气管道分为 6 类 20 项见表 1.3。

表 1.3　欧洲事故风险要素统计分类

组织或标准	原因分类	项目
欧洲 EGIG （输气管道）	（1）外部干扰：导致事故的活动方式、采用的机具、已有的保护措施； （2）腐蚀：腐蚀部位（内、外或未知）、腐蚀类型、是否做过内检测； （3）建造缺陷 / 材料失效：缺陷类型（建设或材料）、缺陷信息、管段类型（直管、冷弯、热弯）； （4）错误带压开孔； （5）地面移动：决堤、侵蚀、洪水、滑坡、采掘、河流或未知； （6）其他未知：如设计错误、雷击、维修等	6 类 20 项
欧洲 Concawe （油气长输管道）	（1）机械损伤：建造（焊接质量、建造破坏、不正确安装、其他）、设计和材料（设计错误、材料错误、不正确材料参数、寿命或疲劳、其他）； （2）运行失误：系统失误（设备、仪表控制系统、其他）、人为失误（未减压或放空、不正确操作、不正确维修或施工、不正确程序、其他）； （3）腐蚀：内腐蚀、外腐蚀、应力腐蚀； （4）自然灾害：滑坡、沉陷、地震、洪水、其他； （5）第三方活动：意外事故、蓄意破坏	5 类 30 项

2 违章作业与误操作事故案例

管道公司或工程承包商人员的不正确行为可以直接或间接地导致储罐设备失效，进而造成泄漏事故，经过调查统计，大多数油库火灾事故都与违章作业造成的泄漏有关。误操作包括打开一个错误的阀门，使储罐或设备超压，还包括不经过正当程序，使用不适当的设备或技术，没有及时修复设备，不适当的评价导致不恰当的决定。据统计，违章作业和误操作是油库安全事故发生的最主要原因之一。而且，在事故应急中的错误操作即使不是直接导致事故的原因，也会加剧事故的恶化。

2.1 Magellan 管道公司油库管道误操作泄漏事故

2.1.1 事故经过

2011 年 11 月 30 日猎户座管道系统正处于运行状态，直到当日 19：30 已有大约 6×10^4bbl 已运往弗罗斯特油库。输量约为 6759bbl/h。猎户座系统的最大输量为 11000bbl/h。

Magellan 管道公司当天的调度安排达到“最大流量”，且为实现这个最大流量，管理员尝试使用 3012 号储罐泵、增压泵和 3 个主线泵以及威利斯泵站（距离东休斯敦 30mile）的 2 个下游设备。

大约凌晨 3 点，升压泵由于振动被关闭。当值的终端操作员检查升压泵并确定了关闭的原因。终端操作员在这段时间内与控制室保持联系，且没有发现任何问题。此时他与管理员一致同意重启该系统。

重启程序由塔尔萨的管理员发起。随着泵的重启，3012 号储罐的管线开始振动、位移并产生大量噪音，系统被立即关闭。当这位终端操作员闻到并注意到地面的柴油时，开始对储罐进行目视检测并调查储罐关闭的原因。泄漏物被控制在油库内部的排水沟（图 2.1）。

图 2.1 收集泄漏油品的排水沟

此时储罐的阀门和附近的支管被关闭以隔离该管段。随后不久就按照程序发出通知（图 2.2）。

图 2.2 显示可能击中管道支架的储罐管线 3012

此次故障发生在管道移动或位移时位于管线 3012 下方的 1in 短节处（图 2.3）。

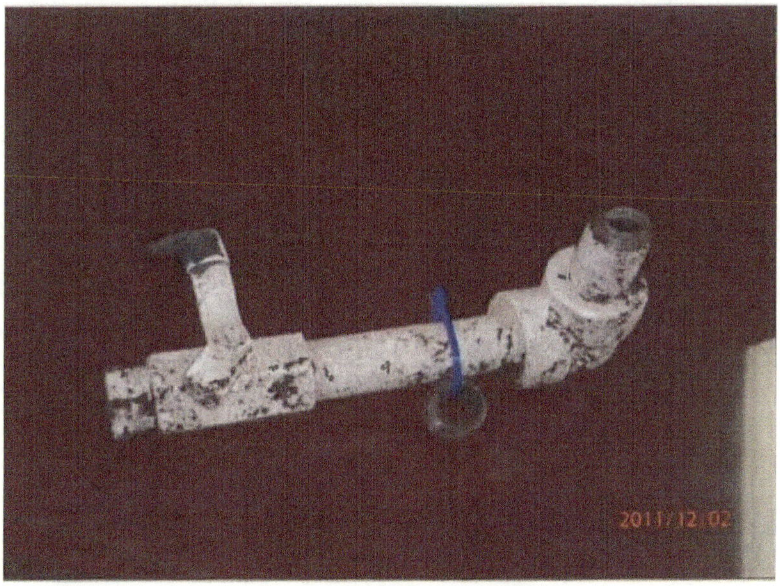

图 2.3 被损坏的排水管道

2.1.2 事故原因

（1）突然起泵，操作压力突变导致水击。

①调查小组总结了事故直接原因在于储罐操作员将成品油转入储罐操作过程中，泵因为发生震动而自动停止运行；操作员和 Magellan 公司未对泵停运原因进行调查，而直接将泵重启，泵重启之后，管道再次发生震动摇摆，此次震动事件导致 3012 号储罐管道从左向右移动约 0.3~0.4m，当管道出现位移之后储罐操作员在罐区地面发现溢油。

②储罐阀门开关切换太快，导致压力瞬变引起水击问题，从而导致管道震动出现位移，引起溢油事故。

（2）储罐管段设计缺陷。

①剧烈的压力瞬变是由于气泡破裂造成的。

②泵吸入压力的急剧下降会导致气泡破裂。

③升压泵因吸入压力过低而关闭。

④随着升压泵的关闭，压力再次增加。

⑤压力再次增加导致气泡的快速形成和崩溃。

⑥气泡的快速形成和崩溃导致压力瞬变，从而使管道移动。

⑦ 3012 号储罐管段的施工配置存在问题，即将 1000ft 直管安装在管道支架上，使其更容易受到压力瞬变的影响。

2.1.3　事故启示

（1）合理设置工艺管道内的阀门切换频率。

此次事故根本原因在于储罐阀门开关切换太快，导致压力瞬变引起水击问题，从而导致管道震动出现位移，引起溢油事故。因此，建议国内油气管道运营部门对石油库工艺管道阀门切换速度过快导致的水击效应进行计算评估，合理设置工艺管道内的阀门切换频率，降低库管道压力瞬变的次数。

（2）改进工艺管道的设计缺陷，防止不合理的管道设计产生管道位移。设计过程中尽量避免在支架上安装管道。

2.2　美国宾夕法尼亚州 Pennzoil 公司储罐爆炸事故

2.2.1　事故经过

1995 年 10 月 16 日上午 10 时 15 分，位于美国宾夕法尼亚州罗斯维尔的 Pennzoil 公司炼油厂的 1 号车间发生爆炸和火灾事故。爆炸发生后，火焰迅速席卷该炼油厂的大部分地区，并引燃了数台盛装石脑油和燃料油的储罐。火灾中发出巨大的爆炸声，浓浓的黑烟笼罩了整个地区。大火迫使公司的雇员、罗斯维尔镇的居民和一所小学的师生撤离。消防队于当日 12 时 30 分扑灭了大火，事故造成 3 人当场死亡，另有 3 人受伤，其中 2 人后来也死亡。火灾使工厂遭受巨大的破坏，美国 EPA 化学事故调查组对事故进行了调查分析。

1995 年 10 月 16 日早上 7 时 40 分，Pennzoil 公司的安全官员为炼油厂 2 名焊接 487 号和 488 号废液储罐之间的扶梯栏杆的雇员签发了动火许可证，许可证的有效期为上午 7 时 40 分至下午 3 时 30 分。487 号和 488 号废液储罐盛装废烃和水的混合物。在最后批准动火以前，安全技术员检查了作业方案。动火许可证要求罐顶上所有人孔加盖，焊机接地尽可能靠近焊接点，并指定 1 人随时监视火情。许可证要求不能在有人孔的罐顶附近进行焊接，并要求对可燃蒸气区采取措施，以防止发生火灾。动火作业的准备工作包括配置焊接和接地电缆，安装梯子，在工作区周围铺上焊接毯，焊接毯通常由厚帆布制成，用于收集焊接时产生的熔渣等，以防止发生火灾。在动火作业开始前，公司安全技术员用可燃气体检测器测定了焊接区内可燃蒸气，测定结果表明没有可燃蒸气存在。

9 时 30 分左右，焊工、火情监视员在装配工帮助下完成定位焊接后，暂时中止工作休息。10 时，焊工和监视员返回，但他们没有能重新起动焊机的内燃机。10 时 10 分，2 名汽车维修工帮助起动焊机，未能确定当时焊工是否已开始焊接作业。10 时 15 分，487 号储罐发生爆炸，不到 1min，488 号储罐也发生爆炸。目击者称，事故发生前看到 1 名焊工在阶梯之间的平台上，另 1 人在梯子底下，没有看到在焊接。爆炸使储罐侧壁与底板之间的焊缝遭到严重的破坏。487 号罐向西移位大约 6m，488 号罐向东移位大约 15m。罐内燃烧着的物料在储罐破裂时泄放出来，火焰迅速蔓延到整个现场。监视火情的焊工在火灾中死亡，在储罐附近残留的拖车上发现了已死亡的 2 名合同工。焊接栏杆的焊工和 2 名合同工被严重烧伤，焊工和其中 1 名合同工后来亦死亡。

现场的 13 台液体储罐、管道系统和电气线路以及正在建设中的新石蜡厂遭到破坏。大火烧掉了液体储罐中的物料，这些储罐在原地燃烧，火情没有蔓延。在火灾中发生多次巨大爆炸，认为是气体钢瓶和封闭的管道在火中爆裂引起的。一些装置的碎片从炼油厂飞过公路落到小山上，爆炸还将一些小燃料容器的碎片抛到了围墙外的商店和居民区。隔离现场与河流、小溪的 5ft 高的隔离墙阻止了泄漏的液体流入水中。参加灭火的消防队员有 140 名，当日 12 时 30 分，大火被扑灭。由于在此前曾进行过由地区消防部门、炼油厂消防队、危险物质专家、地方和州警方、宾夕法尼亚州应急管理局参加的消防演习，使得这次事故救援工作反应迅速，且获得成功。

2.2.2 事故原因分析

火灾的直接原因是 487 号废液储罐的易燃蒸气被引燃。虽然 CAIT 没有准确确定事故发生的原因，但至少有两种可能性，一是未被检测到的 487 号储罐的易燃蒸气被引燃，然后回燃到储罐，二是电焊产生的电火花引燃了储罐的易燃蒸气。当 487 号储罐易燃蒸气被引燃时，蒸气燃烧可能引起罐内压力迅速上升。储罐沿着底焊缝开裂，瞬间泄放出罐内物料。从487号罐泄放出的燃烧着的液体引燃了邻近的488号罐的易燃液体，488号罐也沿底缝破裂，泄放出罐内物料。由于这两台储罐对泄漏的液体没有二级防护，使得从罐中泄出的燃烧的液体迅速蔓延到整个炼油厂。事故调查的目的是确定储罐区可能的蒸气源和火源。

（1）可能的蒸气源。

①从敞开的人孔排出的蒸气

②从真空车经敞开的人孔进入487号储罐的转移软管使得人孔盖不能完全密闭。虽然焊接毯盖在人孔上，但毯子不是蒸气密封的，蒸气仍可能排出进入周围地区。蒸气排出的可能性随环境条件而变化，从早上到上午的时间段，室外温度升高，蒸气排出的可能性增加。此外，储罐中可能存在的甲基乙基酮有可能提供足以被引燃的蒸气。

③从储罐抽油管排出的蒸气。

④抽油管能为蒸气排出提供通路。在储罐内，抽油管的位置位于液面以上的蒸气空间。事故后调查人员发现，连接罐内的抽油管的罐底外的阀门是打开的。当储罐变热时，易燃蒸气可能经抽油管和打开的阀排出。排出的蒸气可能在火源附近积聚，引燃后，焰锋可能回燃，经抽油管引燃储罐内的蒸气。但对抽油管内部检查，没有燃烧的证据或迹象。

⑤从转移软管排出蒸气。

⑥一个76mm排液软管从罐内部经人孔到储罐外地面，它为蒸气排出和火焰回燃到储罐提供了通路。但调查人员没有发现软管内有燃烧或烧焦的证据。

⑦从储罐腐蚀孔排出的蒸气。

⑧事故后，调查人员在罐顶附近发现一些直径6.35mm左右的孔，可能是由于腐蚀造成的，如果这些孔在爆炸前已存在，它们就可能为蒸气排出和焰锋回燃提供通路。

（2）可能的火源。

最可能的火源是由焊接作业、焊机的内燃机、焊机或接地电缆产生的火花。

如果当时正在施焊，焊条或焊渣的火花或飞溅物能引燃已存在的蒸气。焊枪跌落或对扶梯的撞击有可能产生火花引燃蒸气。但调查没有发现支持这些观点的证据。一般来说，在动火作业中被引燃的物质在设备内，而引燃蒸气云相对较少。

由内燃机提供动力的焊机也可能成为火源，因为发电机产生电火花，内燃机产生热，引擎排气系统排出热的气体或热粒子。事故发生时，储罐附近的焊机发电机没有安装排气火花消除器。发动机排气管和气体是热的，因为湍流混合，可能引燃较低温度的易燃蒸气混合物。

另外，接地不良、焊接产生的电火花或焊机都可能产生漏电流成为点火源。例如，靠在储罐和建筑物上的擦破的焊接引线或接地电缆可能发生短路。更重要的是，如果没有良好的接地，电焊机的接地电缆可能产生电火花。现场调查证明接地连接是适当的，但接地线不应连接到盛有易燃物的设备上。另外，扶梯和罐底腐蚀的存在影响了接地的效果，这种情况可能导致在液体或储罐上积累放电，如果放电有到地面的通路，可能在储罐蒸气空间产生火花并引燃存在的蒸气。

（3）没有检测到可燃蒸气的原因。

在一般的动火作业时，安全技术员要使用可燃气体检测器对焊接区进行检测。当日早上，在焊接作业开始前进行过检测，没有测出可燃气体。其原因可能有：

①早上，储罐、废液和蒸气温度低，蒸气量小。随气温升高，加上太阳直照到储罐上，使储罐中蒸气温度上升，产生热膨胀可能使蒸气从罐口排出；

②可燃气体检测器没有校正，导致读数不准确；

③可燃气体采样方法，培训和检测程序可能不适当。

（4）其他蒸气源和火源。

其他可能引起事故的易燃蒸气源和火源有：

①储罐区内打开的废水排水口是易燃蒸气的可能来源。如果含有易燃物质或易燃液体的废水泄漏进入封闭的下水道，蒸气可能在互相连通的下水道内转移到动火作业区。调查断定该来源的可能性较小。

②静电引起的火花是一种火源。含烃液体在转移时可能产生静电；软管、管道系统和液体储罐在泵停止后保留电荷；此外，软管位于储罐液位以上，加料喷溅可产生静电。但事故前没有液体进出储罐，而上次装卸料的静电荷在事故时已消除。

③事故现场附近的拖车上有的电气部件和装置不能满足1–2类要求，即达不到“防爆”和“本质安全”要求。某些泵和马达的配电板属于此类，这些电气部件有

可能成为火源。但证据显示487号和488号储罐火源不是在拖车区。

④用来保护地下管道系统和储罐底防腐蚀的阴极保护系统有可能产生电荷，成为火源。但Pennzoil现场没有用阴极保护系统。

⑤储罐附近有一条公路，用于存放工具的4辆拖车在公路上。来往车辆和拖车都可能引燃蒸气，但没有证据证明这一点。

（5）对事故起作用的因素。

引起487号和488号罐底破坏的因素有：

①储罐没有安装足够的应急排气系统，罐顶不具备应急排气功能；

②储罐底焊缝因腐蚀变弱。罐底常含有水，罐底和侧面周围堆积了砾石，从而使湿气积聚在储罐外、底部和边缘，导致罐壁底缝腐蚀变薄；

③487号和488号罐没有防止泄漏液体外流和火灾蔓延到其他区域的二级控制设施或蓄池，引起了其他储罐起火；

④拖车在储罐附近的围墙区内，如果拖车与储罐隔离，拖车的因素可排除。

（6）事故的直接原因和间接原因。

CAIT没有能准确地确定事故的原因，但有足够的资料支持一些根本的和间接的原因。这些根本和间接原因应视为在类似作业中应吸取的教训，特别是在化工和炼油业。CAIT确定根本原因和间接原因有：

①储罐设计、完整性和维修不当。

487号、488号罐主要用于储存废水，不用于储存易燃液体。事故前有大量油品被转移到了487号罐。该罐人孔可打开通大气，没有防火措施（如加压蒸气排气口，阻火器或其他的方法）；对易燃物料卸入储罐时可能因喷溅产生的静电没有有效的防护措施，也没有应急排气方法。487号、488号储罐沿底缝破裂，泄放出全部物料，沿底缝有受腐蚀的证据。储罐在建造后已更换过罐顶，但CAIT没有获得储罐进行日常检查和维修的其他资料。

②储罐区动火作业准备不当。

虽然CAIT没能彻底评价培训、操作程序和动火作业前检测可燃或易燃蒸气的仪器是否符合要求，但有证据证明，接近焊接作业的储罐内的可燃或易燃蒸气没有与动火作业区完全隔离，导致罐内蒸气被引燃发生爆炸。

除焊接点外，在接近储罐区内存在其他电或火花火源。此外焊机接地可能在储罐产生电荷。一旦条件适于引燃，这些火源就有可能引发事故。

③缺乏对动火作业现场条件变化影响的认识。

没有注意到动火作业随时间的变化有可能影响工作安全的情况。随着从早上到上午温度的上升，可燃或易燃蒸气浓度可能增加。在焊接中止后再开始焊接前如能用可燃气体检测器再次检测，就有可能发现情况的变化。

④设备的位置和控制不当。

在487号和488号储罐周围没有二级控制或蓄存设施来限制液体外流和火灾的蔓延，没有考虑车辆进出公路和拖车的有关的危险。如将这些可能的火源与工作区隔离就可排除这些原因。

2.2.3 事故启示

根据上述事故原因分析，CAIT提出以下建议：

（1）设备的设计和完整性。

虽然废水或废油罐化学或工艺过程危险性较小，Pennzoil和其他企业仍应充分了解这些危险性及与这些危险有关的后果，并对其进行评价，编制成资料，提出适当的防护措施。评价应包括事故史，设备的设计和完整性。进行评价的一种方法是根据OSHA工艺过程安全管理标准29CFR1910.119进行正式的过程危险性分析（PHA）。美国化学工程师协会（AICHE）化工安全中心（CCPS）为PHA制定了指南。

（2）做好动火作业准备工作。

Pennzoil和其他工业部门应对动火作业批准过程和程序进行检查，建立动火作业前的管理系统或其他机制，以保证能确定和控制所有的蒸气源和火源。例如，使用设备图解和检查表，确保隔离所有可能的蒸气源和火源。回顾以往动火作业中发生的事故，执行动火作业定期审查或检查制度。确保不遗漏可能的火源或蒸气源。要确保焊机接地，切断电流通往易燃物设备的通路。

（3）加强对作业条件变化的认识。

工厂需要了解工作期间环境条件的变化。在该次事故中，如在工作重新开始前再次检测就可能发现已存在的易燃蒸气。工厂应考虑对可燃气体进行连续监测。应考虑到工作中断后进行再检测在防止事故发生中所起的作用。应该运用过程危险分析法对工作任务进行分析，以确保了解可能发生的情况变化。例如，使用怎样的方法来评价动火作业或其他工作，来检验气候变化或其他异常情况对安全工作的影响。

（4）作业区和设备位置问题。

如上所述，PHA 技术可用来评价与设备和作业区位置有关的危险。Pennzoil 和其他企业可使用 PHA 技术与工业法规、标准、条例的要求相结合，来评价与设备和作业区位置有关的危险。如禁止车辆进入含易燃物区域，隔离危险作业区，对以往发生的事故进行回顾和评价，采取相应二级防护措施以防止事故的扩大等。

2.3　美国史迪格服务公司储罐爆炸事故

2.3.1　事故经过

该起事故发生在 2006 年 6 月 5 日上午 8：30，史迪格服务公司的油田服务合同工正在为两个生产油罐（油罐 2 和油罐 3）安装一根管道，使其连接到第三个油罐（油罐 4）上面。施工在油罐 4 上进行，焊接时产生的火花点燃了从开口端管道中泄漏出来的可燃性液体（离焊接地点大约 4ft 高），发生爆炸，导致站在油罐 3 和油罐 4 上的三位工人死亡，一位工人严重受伤。

在事故发生之前，史迪格服务公司派人从其他油井中把属于派克德罗利公司财产的油罐 3 和油罐 4 转移到该公司的第 9 号油井处。发生事故当天，3 位工人正在完成油罐与油罐之间的管道连接工作。为了能够把油罐 3 通过管道连接到油罐 4 上，工人在油罐 4 顶部向下的几英寸处焊接一根管道。在开始焊接作业时，他们打开了油罐 4 底部的进口，进入油罐，清除里面残留的原油。然后，他们使用自来水冲刷油罐，并使油罐中的烃蒸汽散发数日。但他们没有对油罐 2 和油罐 3 进行类似的操作。

在事故发生当天，焊接工人把一个点燃的氧炔焊接器，先插入油罐 4 的进口处，然后，插入安装该油罐另一面的开口喷嘴处，以确认在开始焊接工作之前，油罐里的所有可燃性气体都已清除干净。焊接工人并没有意识到，这一所谓的“照亮油罐”的行为，是不安全的工作操作。然后，焊接班长爬到油罐4的顶部，另外两个维护人员则爬到油罐3的顶部；他们在油罐3和油罐4之间搭设一个梯子，连接油罐3和油罐4之间约1.2m的空间，并使梯子稳固，帮助焊工进行焊接，焊工在油罐4顶部绑上安全绳，使自己站在梯子上面。

就在焊工刚开始焊接时，可燃的烃蒸气从连接油罐3的开口端泄漏出来，并被点燃。火焰迅速反闪入油罐3，在连接油罐2和油罐3的溢流连接管里扩散，引起油罐2发生爆炸，油罐2和油罐3的盖子被炸开。3名站在油罐上的作业人员被爆炸产生的气浪掀翻，摔落在地上。焊工也从梯子上摔落下来。

一位目击者拨打了911应急电话，当地消防部门、该县警察局以及医护人员迅速赶到事故现场，对受害者进行抢救，焊接班长和1位维护人员因伤势过重，当场死亡，另一位维护人员在送往医院的途中死亡。焊工活了下来，但脚腕和臀部骨折。目击者看到油罐2上方的火焰足有50ft高，但油罐3和油罐4上方没有火焰。消防人员在油罐2中注入泡沫，熄灭里面燃烧的原油，30min后，火势被扑灭。

油罐2的顶盖落在了离原有位置228m的地上，而油罐3的顶盖落在了离原有位置15m远的地上。事故发生后，油罐2中，有大约3.78m^3的原油残留，而油罐3中有大约2.5m^3的原油残留。油罐1和油罐4没有外观上的损坏。

2.3.2 事故原因分析

美国化学安全局（CSB）研究了现场的物理证据和照片，并约见目击者，以确定导致6月5日爆炸的原因。

该起爆炸的燃烧源为从进行焊接作业油罐的一个邻近油罐中泄漏出来的可燃性烃蒸汽，泄漏位置为该油罐延伸出来的直径为76mm的开口管道。由于在早上油罐2和油罐3受到阳光的照射后，两个油罐里面的可燃性蒸汽受到加热膨胀，通过溢流管泄漏了出来。这些管道没有配备隔绝阀；同时，这些管道也没有按照规定配备盖子。

通过对在爆炸前焊工使用两个焊钉，焊接油罐4的管道接缝这一作业行为进行检查之后，美国化学事故安全局确认在油罐4侧进行焊接时产生的火花为该起爆炸事故的点火源，焊接时产生的火花点燃了从油罐3的开口端管道中泄漏出来的可燃性烃蒸汽。点燃后产生的火焰蔓延到油罐3中，引起爆炸。爆炸发生之后，油罐2中的烃蒸汽被点燃。

在本次案例中，有如下几个不安全的操作导致了事故的发生：

（1）没有使用天然气探测仪检测可燃性的蒸汽；

（2）用点燃的氧乙炔焊接器，照亮含有碳氢化合物的油罐，来检测其内部是否存在可燃性蒸汽是极度危险的；

（3）邻近油罐的管道开口没有盖上盖子，或者采取其他方式加以隔离；

（4）使用在油罐之间架设一个梯子，作为移动工作平台；

（5）所有的油罐都连在了一起，其中有一些油罐中含有可燃性残留物和原油。

2.3.3 事故启示

（1）缺乏热加工作业安全培训。

史迪格油田服务公司在事故当天进行焊接准备和开采作业时，员工没有遵守热加工作业流程（如2009年API工作流程:《石油和石油化工行业安全焊接、切割和热加工实践》）。

史迪格油田服务公司的工人在开始焊接工作前，没有分离含有可燃性碳氢蒸汽的油罐2和油罐3。另外，油罐3的开口端管道没有盖上盖子，为爆炸提供了可燃物。从业人员没有清除油罐2和油罐3，以及在油罐4开始焊接作业之前，没有给管道开口端盖上盖子。如果油罐2中的残留原油在事故前被清除，两个油罐用水进行冲洗，可燃性的碳氢蒸汽是完全可以根除的。

在进行焊接前，没有使用安全的天然气探测器，而是使用明火探测作业区域和油罐4中的可燃性碳氢蒸汽。通过调查，美国化学安全局发现，“照亮”行为是该行业的普遍作业方式。如果使用天然气探测器检验其是否存在可燃性气体，作业人员是完全有可能检测到这些可燃性气体的。使用“照亮”方式，作业人员就可能触发火灾或爆炸。

（2）未采用可移动工作平台。

合同员工没有在抬高的作业平台上（如油罐上）采用安全的工作流程。作业人员在进行作业的时候，没有为焊接工搭建脚手架，合同工只是使用梯子平放在临近的油罐上面，把它延伸到正在焊接的油罐上，可移动的工作平台要求两位员工成员站在油罐3的顶部，稳固梯子，使焊接工能够进行工作。另一个员工站在油罐4的顶部。事实上，如果工作人员并没有站在油罐3的顶部，两位员工的死亡事故是完全可以避免的。

（3）未遵循安全热加工工作指导原则。

有数个组织机构为油田和/或油罐上所进行的安全热加工作业提供了指导原则。美国国家消防协会（NFPA）标准和美国石油学会（API）建议在安全热加工工作实践中必须注意安全防护。如果按照美国国家消防协会标准或美国石油学会所推荐的工作实践，是可以防止这起爆炸事故发生的。

以下是美国国家消防协会NFPA 326中所列出的基本的安全预防措施，美国国家消防协会2005年的《进入、清洁或维修油罐和集装箱安全标准》、美国国家消防协会2003年的《焊接、切割和其他热加工作业中的消防安全标准》的内容：

①通过安装帽盖、防溢流圆片（坯）、塞子或其他装置，把焊接区域与包含可燃性或易燃性液体、水蒸气或残留物的管道或油罐物理隔绝开，其中包括通风口；

②在焊接开始或在焊接过程中，使用可燃性天然气探测器，进行可燃性天然气测试；

③去除油罐和所有相连管道内的可燃性或易燃性液体、蒸汽和残留物；

④签发书面的热加工作业许可；

⑤确保由训练有素、理解热加工危害性、并有相关资质的人员开展热加工作业；

⑥在包含可燃、易燃材料或者与正在存储或以前存储物质相关的蒸汽油罐或储罐时，必须极其小心；

⑦确保每个参与工作的人清楚地理解在或靠近可燃性物质存储油罐中进行焊接活动时，存在的危害，并采取保护措施。

2009年美国石油学会推荐的《石油或石油化工行业安全焊接、切割以及热加工作业实践》强调有必要在焊接、切割或其他热加工作业时，进行热加工作业许可，控制危害的发生。2009年美国石油学会指出，在开始涉及任何点火源的热加工作业之前，必须获得热加工作业许可。书面证书要求包括：对工作区域进行危害检查，进行可燃性气体测试，获得热加工作业活动的许可，获得危害确认方面有能力的人的许可。

史迪格服务公司和派克德罗利公司都没有获得热加工作业的许可。本次事故的受害者焊接工人没有意识到作业场所附近的油罐包含了可燃性的可燃液体或蒸汽。除了没有获得进行热作业活动的许可，史迪格服务公司也没有按照工作场所焊接作业流程进行工作。美国化学安全危险局对史迪格服务公司经理和雇员进行调查之后，发现该公司在雇佣绝大多数焊接工人的时候，都要求这些焊工掌握如何进行焊接的知识或经验；然而，却没有考虑到他们是否具备热作业安全实践的知识。同时，史迪格服务公司也没有为这些雇员提供热作业安全工作方面的培训。如果史迪格服务公司和派克德罗利公司使用管理热作业工作的许可系统，油罐内的可燃液体和/或蒸汽就有可能被早点确认，人们也就可能采取去除或隔离危害的措施。

（4）缺乏书面的安全培训计划。

派克德罗利公司没有制定针对油井人员的安全操作要求。史迪格服务公司没有为其雇员建立正式的安全操作计划，派克德罗利公司也没有要求史迪格服务公司制定这样的安全操作计划。

史迪格石油服务公司和派克德罗利公司没有遵循美国现有的诸如 NFPA 326、NFPA 2005、API2009 和 API2002 等热作业安全指导原则，导致了事故的发生。需要由商会和成员组织提供安全培训，对从事石油和天然气服务行业的从业人员提供帮助。需要制定石油开采场所的书面安全计划和工作流程计划，这将帮助从业人员在开始焊接操作之前，确定和根除危害的发生。如果史迪格服务公司和派克德罗利公司按照美国石油研究所和美国消防协会提供的热作业工作指导进行工作或者遵守美国职业安全健康局的法律法规，是可以避免这起事故发生的。

2.4 独山子石化公司油罐爆炸事故

2.4.1 事故经过

2006 年 10 月 28 日 19 时 16 分左右，安徽省防腐工程总公司在对独山子在建原油储罐进行防腐作业时发生爆炸事故，造成现场作业人员 13 人死亡，6 人受伤，直接经济损失 355×10^4 元。

新建 $50\times10^4m^3$ 原油罐区是独山子石化公司 1000×10^4t 炼油、100×10^4t 乙烯改扩建工程项目 145 个单项工程中的其中之一，由中国石油华东勘察设计院设计。2006 年 6 月 16 日，独山子石化工程建设指挥部组织招标例会，由专家组分技术、商务两部分打分，公司纪委全程进行了监督。安徽省防腐总公司中标原油罐区 $10\times10^4m^3$ 储罐 T-101 内防腐工程（一标段）。合同规定开工日期为 2006 年 9 月 7 日，竣工日期为 2006 年 10 月 28 日，总日历天数 52 天。

T101 罐是原油罐区 4 个 $10\times10^4m^3$ 储罐之一，直径 80m，高 21.8m，双盘浮顶结构，浮顶船舱高 0.8m，由圆心至周边分为 6 个环舱，环舱间相互密闭。每个环舱内用钢板分隔为 6~16 个小舱不等，各小舱间未完全密闭，每个小舱有一直径 50cm 的人孔与外界相通。炼油储运原油罐区（一标段），设计建造 6 个原油储罐，其中西侧已建成 2 个 $5\times10^4m^3$ 的双盘浮顶油罐，东侧设计建造 4 个 $10\times10^4m^3$ 的双盘浮顶油罐，油罐区呈四方形分布，罐区东西长 160m，南北宽 145m，各罐间相距 40m。事故罐为该罐区编号为 T101 号的 $10\times10^4m^3$ 双盘浮顶油罐，事故发生前，储罐正在进行水压试验，储罐内水位高度约为 13m。

根据施工合同，2006 年 9 月 10 日，安徽省防腐总公司按照“甲控乙供”方式与北京碧海舟防腐涂料有限公司签订了防腐涂料供货合同，9 月 17 日，施工单位向监理公司报送了开工报告，并得到批准。9 月 18 日，施工单位开始对 T101 罐浮顶船舱进行内防腐作业。现场施工人员在舱内使用滚刷和板刷进行涂刷防腐漆料，使用 36 伏电压供电的普通行灯和手提式照明灯具进行照明（图 2.4）。

10 月 25 日，监理公司组织检查，指出 T101 罐局部涂层厚度不符合规定，要求施工单位整改。10 月 26 日，施工单位组织人员进行补漆作业。10 月 28 日 15 时左右，施工队长等 26 名作业人员回到施工现场，对浮顶船舱第三环舱内壁进行防腐作业，第三环舱有 8 个小舱，面积 $752m^2$。作业人员分 4 组、每组 6 人，分别负责 2 个小舱的防腐作业，每组 3 人在舱内涂刷，3 人在舱外监护，每 20min 左右互相轮换一次。19 时 16 分左右，第五小舱有 3 人仍在舱内作业。第八小舱中 1 人已从舱内回到舱外，在舱外负责监护的人员正在拉拽行灯电线和面具呼吸管，配合舱内另外 2 人作业，船舱突然发生爆炸。

图 2.4 施工人员采用的防腐作业工具

2.4.2 事故原因分析

经现场勘察，安徽省防腐总公司在防腐作业时使用的工作行灯等电气设备为非防爆产品。大部分行灯的灯头与防护罩松动严重，灯头上开关大部分损失，工人通过扭转灯泡进行开、关行灯。并且用于连接行灯和变压器的电线严重老化，存在多处接头和绝缘损坏现象。

在补漆施工中，施工人员在防腐漆料中加入擅自购买的以苯、甲苯为主要成分的稀释剂（苯、甲苯属低闪点、易挥发物质）。加之施工中没有安装机械通风设施，造成了苯、甲苯、二甲苯等爆炸性混合气体在舱内的大量积聚。

事故的直接原因为施工人员在浮顶船舱第三环舱第八小舱内进行作业时，使用了含苯及甲苯挥发性更大的有机溶剂，形成爆炸混合性气体，遇照明设备产生的电气火花发生爆炸。经过调查认为事故原因为：

（1）安徽省防腐总公司作为施工单位违反有关法律、法规、标准规定，管理混乱，是导致事故发生的主要原因。

安徽省防腐总公司管理制度、安全操作规程、岗位责任制没有在该项目得到落实；对施工人员没有安全培训计划、培训方案、培训记录；没有制定《HSE 风险控制计划书及危险性分析》《施工组织设计（方案）》，防范措施有严重缺陷。违反国家、行业有关标准及防腐涂料产品使用说明书的规定，擅自购买、使用替代稀释剂，未办理有限空间作业许可证，没有配备有害气体检测仪器，作业前未检测有害气体浓度，未安装轴流风机进行机械通风，在易燃易爆场所使用非防爆电气设备。委派了没有取得安全生产资质的人员担任项目经理，《HSE 保证措施》中的项目

HSE负责人均未到项目所在地，没有按规定配备电工。

（2）众恒监理公司作为工程监理单位，违反有关法律法规、标准规定，未认真履行监理职责是导致事故发生的重要原因。

①项目监理机构未制定完善的安全监理制度、安全监理程序；

②未根据工程进度及时补充、修改完善监理细则；

③实施监理工作也未针对不同的专业制定出相应的安全监理措施；

④没有识别该项目作业场所存在的爆炸风险；

⑤对施工单位未出示有限空间作业许可证仍进行作业没有勒令停工；

⑥对施工现场各种违规情况监理不到位。

2.4.3 事故启示

该起事故暴露出该公司对工程建设项目安全管理存在薄弱环节。在项目建设中对施工单位和监理单位的选派人员资质的符合性审查不细，没有对照备案资料逐一审核，存在重包轻管、以包代管的问题；对监理单位履行职责、现场施工过程安全监管不到位；没有严格审查施工组织设计及施工方案，没有有效指导、监督监理单位、施工单位落实风险分析和控制措施；没有及时制止施工单位在有限空间作业未进行机械通风、使用非防爆电器等严重违规行为。

2.5 山东弘润石油化工助剂总厂油罐爆炸事故

2.5.1 事故经过

2000年7月2日，山东省青州市潍坊弘润石油化工助剂总厂，用火时未堵盲板，违章动火焊接，造成2座500m^3油罐爆炸起火，10人死亡，1人重伤，烧毁建筑591m^2，输油廊500m，柴油360t，着火面积6000m^2。

2000年7月1日，为解决柴油存放一段时间后，由棕黄色变为深灰色的质量问题，厂领导决定采用某个体技术人员的脱色技术，增加活性剂储存罐、混合罐、管道泵，将307号油罐、308号油罐的柴油，经管道泵注入混合罐，同时从活性剂储存罐内吸取活性剂混合脱色，然后注入204号油罐储存外销。由分管生产的副厂长直接安排生产设备部牵头，由机动车间维修班负责焊接安装。整个作业，采用先将混合罐、活性剂储存罐、管道泵定位后，再与柴油罐相连的阀门、法兰、管道对接，现场进行焊接的方法进行。

7 月 2 日上午，将混合罐、活性剂储罐、管道泵定位，并同 308 号油罐对连焊接完毕，下午进行与 204 号油罐的对接。18：45 焊接同 204 号油罐相接的管道时发生爆炸。204 号油罐炸飞，南移 3.5m 落下，罐内柴油飞溅着火；204 号油罐飞起时，将与 307 号油罐之间的管道阀门拉断，307 号油罐中 400 余吨柴油从管口喷出着火，现场施工的 10 人被柴油烈火烧死。

307 号油罐在 204 号油罐爆炸起火后 45min 发生爆炸，罐底板焊缝撕开 12m 左右，罐内剩余柴油急速涌出，着火的柴油顺混凝土路面，流至附近的 10 间操作室，操作室被烧毁；流至装置管排底部，管排支架被烧塌；流至厂区大门以外，将部分大树烧死。事故发生后，地市县及厂消防队及时赶到扑救，大火于 20 时 45 分扑灭，没有造成灌区其他汽油、柴油罐的爆炸，避免了更大的损失。

2.5.2 事故原因分析

（1）事故的直接原因。经查看，204 号柴油罐底部 DN80mm 阀片靠近油罐一侧有明显的暗红色铁锈，底部有一个约 10cm 弦高的弯月面呈现高温后的蓝灰色，阀片向焊接侧全部呈现高温后的蓝灰色，阀片没有落到底，上下有 10mm 活动间隙。因此，调查组认为，7 月 2 日 18 时 45 分，在电焊焊接时，204 号油罐内的爆炸性混合气体泄漏入管道遇电焊明火引起了管内爆炸，火焰通过 DN80mm 阀门阀片底部的缝隙窜入 204 号罐发生爆炸，这是事故的直接原因。

（2）事故发生的根本原因。该厂属于小型石油化工厂，缺乏生产管理人才，特别缺少安全技术人才。虽然参照其他石油化工企业的经验，制定了不少规章制度，但执行不严，违章作业现象时有发生。如这起施工作业，按制度油罐区为一类禁火区，是一级动火，必须由厂长、总工程师批准，安全处专职安全员、施工人员签字，办理一级动火证，制定严密的防范措施，有消防、安全员现场监督，确保不出事故方能动火作业。但该厂长直接安排生产设备部和机动车间维修班进行施工，没有办理一级动火证，也没有通知总工程师、安保部、消防队审查施工方案及进行监督检查，失去了防止事故发生的机会。另外，制度规定，动火作业必须同生产系统有效隔绝，而且专门制定了抽、堵盲板的制度。施工人员虽然制作了盲板，但到了现场却没有使用，以阀门代替插入盲板同油罐隔绝。上午焊接308号油罐时，因308号油罐盛满柴油没有发生事故，只是侥幸。下午焊接204号油罐的管道时，因漏气引燃油罐内爆炸性气体发生爆炸着火。

（3）对柴油性质认识不足。柴油相对于汽油来说，爆炸着火的危险性小，但也是易燃易爆品，在夏季高温的情况下，在油罐气体空间也能形成爆炸性混合气体。

（4）没有明显防火标志。307号、204号油罐原设计为消防用清水罐，位于成品油罐区西防火堤外侧，改为储存柴油后，2座油罐周围没有防火堤，也没有设立明显的禁火标志，这也是造成未办理一级动火证，违章施工的原因之一。

（5）专职安全管理人员安全技术素质低。厂安全保卫部负责安全生产的副部长介绍，他在巡回检查中，发现施工人员在一类禁火区动火作业，但没有制止违章行为，而是在车间办的二级动火证上签上自己的名字，代替厂一级动火证，使违章作业合法化。也没有按一级动火提出防止事故的措施，导致了事故的发生。

2.5.3 事故启示

这是一起因违章动火造成的重大责任事故。事故说明，企业的各级领导及人员，一定要严格遵守安全规章，严禁违章作业；开展全员安全生产制度与安全生产技术知识教育、培训，提高全体人员增强安全意识和遵章守纪的自觉性；提高安全管理水平与自我防护能力；关键管理岗要选用有生产管理实践经验及安全技术管理经验、专业知识丰富、技术素质较好的人员，以适应工作的需要，在关键时刻能起到把关作用，防止隐患转化为事故。

2.6 Suncor公司油储罐误操作溢油事故

2.6.1 事故经过

加拿大Suncor公司于2003年8月1日从另一家运营商购买了发生事故的管道系统并运行了7年。虽然管理员知道如何操作原油管道系统，但却并不知道每一个具体的储罐报警的方式。发生事故的储罐是1168号，该储罐安装了高高机械报警器，并在储罐计量管上安装了电子雷达液位计。这是非常关键的，因为管理员知道高高液位报警信号意味着机械报警，如果收到高高液位报警，储罐操作员将会采取相应泄漏预防措施。事实上，管理员认为每一个报警都是一样的，且雷达液位计显示储罐内还有足够的容量，而机械报警则显示储罐已满。在高高警报响起之前，管理员通常会收到SCADA液位报警信号、雷达液位报警信号以及机械报警信号等3个液位报警，但是这次未收到任何一个警报，管理员的第一反应通常是检查储罐高高警报是否出现故障。管理员报告已将数百桶石油产品发送至泵站，未出现任何产品损失现象，雷达液位计显示储罐容量充足，决定不遵循公司的书面程序停止储罐灌装作业。相反，管理员打电话给他认识的夏延泵站的工作人员要求他们检查储罐液位。当管理员打来电话时，夏延泵站的工作人员碰巧在参加一个安全会议，并没有立即去检查液位，而是完成安全会议。这大约持续15min，会议结束后，工作人员到达储罐，另一名员工进入泵站看到1168号储罐的溢满排空阀溢出石油。于是立即电话通知加拿大的控制中心，并向管理员报告因为储罐已满，应停止输送产品进入储罐。

2.6.2 事故原因

（1）误操作。

1168号储罐上安装了高高机械报警器，并在储罐计量管上安装了电子雷达液位计。在灌装过程中，机械警报显示储罐已满。但因为雷达液位计显示储罐还有足够的容量，储罐操作员未遵照公司规定的作业流程关闭储罐灌装作业。而是要求夏延泵站的工作人员检查储罐液位，夏延泵站的工作人员碰巧在参加一个安全会议。并没有立即去检查液位，大约15min后，工作人员到达储罐，才看到1168号储罐出现溢油。

（2）储罐雷达液位计显示的储罐液位水平有误。

1168号储罐属于内浮顶储罐，罐底板为倒锥形，所以储罐的中心高度比边缘高，导致储罐边缘累积了大量非常黏稠的液体［被认为是减阻剂（DRA）］，减阻剂进入到储罐池计量管。计量管中的减阻剂比通常输送的原油更黏稠，流动速度也比储罐中的真实流速慢。雷达仪器追踪计量管内的DRA液位，给操作员提供储罐内原油液位的错误信息。

（3）储罐液位报警限值设置错误。

之前的储罐运营商的操作员修改了储罐设计，但并没有随之降低储罐的容量水平或将报警信号调整至现有储罐容量极限值。导致事故发生时，机械液位计发出显示储罐已满，而雷达液位计、SCADA 系统并未发生警报。管理员误以为高高机械液位报警出现故障。

2.6.3 事故启示

（1）优化储罐液位报警系统。

针对此次事故形成原因，建议国内油气管道运营部门对储罐液位联动报警系统进行优化研究，提升报警系统灵敏性和可靠性。

（2）制定严格的报警信号管理和处置机制。

设置储罐液位报警系统分级管理机制，针对不同级别的报警信号，分别制定相应的信号应急处理措施，提高事故报警信号处理效率。

（3）完善储罐操作员培训机制。

通过加强储罐操作员培训，提升操作员的储罐操作能力和正确解读报警信号的能力，确保储罐操作员能够合理处置报警信号。

2.7 印度石油公司罐区火灾爆炸事故

2.7.1 事故经过

2009 年 10 月 29 日晚上轮班期间，位于斋浦尔（Jaipur）桑格内尔（Sanganer）的印度石油公司 POL（PetroleumOil Lubricants）站正准备将煤油（Superior Kerosene Oil，SKO）和车用汽油（Motor Spirit，MS）输送到邻近的巴拉特石油公司 BPC 站，这属于常规操作。四名机组人员（一名值班主任和三名操作员）负责操作印度石油公司设施。首先输送煤油，然后操作人员开始准备操作 MS 储罐（401-A 号储罐）以泵送至 BPCL 设备。MS 储罐调节过程中，下午 6 时 10 分左右，从储罐至 MS 泵的输送线上的“锤式盲板阀”喷出大量液体，产品大量泄漏。液体 MS 迅速生成蒸汽，操作员抵受不住蒸汽的影响，无法继续操作。在附近的值班主任试图帮助操作员，但他自己也受到了蒸汽和液体的影响，处于半昏迷状态被送往医院。第二名操作员当时碰巧在餐厅，也赶到现场，但他也抵挡不住强烈的 MS 蒸汽和液体，无法获救。值班的第三名操作员本应在现场，但他早些时候因一些私人原因回家了，因此无法采取任何救援或缓解的措施。由于没有其他操作人员可以开展任何控制行动，泄漏还在继续。

当高级工作人员和民政当局到达现场时，泄漏几乎已经淹没了整个设施。他们进入现场时已经变得非常困难，也非常危险。泄漏开始 1h15min 左右后就发生了一次巨大的爆炸，随后一个巨大的火球覆盖了整个设施。据估计，在这 1h15min 不受控制的泄漏中，有 1000t 左右 MS 可能漏出，产生的蒸汽足以引起相当于 20 吨 TNT 的爆炸。引发爆炸和火灾的火源可能来自行政区域内的非防火电气设备，也可能来自设施中正在启动的车辆。爆炸后的大火很快蔓延到所有其他储罐，并继续肆虐了 11 天左右。印度石油公司的管理当局深思熟虑后做出决定，为公共安全起见，公司允许石油产品燃尽，以避免发生进一步的事故。最终，站内储存的约 60000m^3 的石油产品（相当于 1000~1200 个零售点）在火灾中被全部烧尽，整个设施也完全毁坏了。距离现场最邻近地区的建筑物受到严重破坏。离现场约 2km 的地方也有轻微损坏和窗玻璃破损。印度石油公司报称，火灾、爆炸造成的全部损失，包括成品、库存、固定资产损失和对第三方损失的赔偿，估计约为 28 亿卢比。有 11 人在事故中丧生，其中 6 人来自印度石油公司，5 人来自第三方，另有数人受伤。

2.7.2 事故原因

（1）未遵守规范的安全操作程序，导致储罐汽油产品通过盲板阀泄漏。

事故的直接原因是没有遵守规范的安全操作程序，包括在调节操作中阀门的操作顺序，以及“锤式盲板阀”的规范操作。锤式盲板阀是一种用于隔离管道的装置。锤形盲板阀的设计允许在每次需要改变阀门位置时，阀门顶部（阀盖处）的一大片区域完全开放。当储罐调节好（准备好泵送至 BPCL）时，由于另一个连接储罐的阀门在锤形盲板阀处于转换位置时也处于开启状态，液体 MS（汽油产品）正是通过这个开放区域喷涌而出。

（2）缺乏远程阻止储罐泄漏的操作设备。

事故的根本原因在于油库现场没有远程阻止泄漏的设备，即没有可以远程关闭与储罐相连的电动操作阀的设备。

（3）人员管理不规范。

泄漏液体 MS 迅速生成蒸汽，操作员忍受不住蒸汽影响无法进行储罐调节操作。当时在附近的值班主任试图帮助操作员，但也受到了蒸汽影响出现半昏迷状态被送往医院。第二名操作员当时赶到现场，也抵挡不住强烈的 MS 蒸汽影响。值班的第三名操作员本应在现场，但他早些时候因私人原因回家，因此无法采取任何救援或缓解的措施。

2.7.3 事故启示

（1）安装石油库储罐泄漏自动化远程控制设备。

分析美国法规标准对远程控制设备的相关要求，PHMSA 在总结若干次石油库及管道事故后，建议修改美国联邦法规第 49 篇第 192.935（c）节，直接要求位于 HCA 和第 3 类和第 4 类位置上的管道安装自动截断阀 ASV 和远程控制阀 RCV 等阻止泄漏的远程操作设备。

因此，针对此次事故出现石油库储罐没有安装远程泄漏控制设备的问题。建议国内油气管道运营部门开展储罐泄漏自动或远程控制设备的适用性研究，安装储罐泄漏自动化远程控制设备。

（2）制定严格的企业管理制度。

此次事故中部分操作员无故离岗是导致事故后果升级的原因之一。国内油气管道运营部门应该制定严格的企业管理制度，确保企业规范化运作。一是要依法依规建立健全并严格落实各级管理人员和从业人员的在岗考核制度；二是要严格执行安全生产法律法规和规程标准，进一步完善企业安全管理制度，并采取措施，切实执行下去、落实到位。

（3）制定规范化储罐安全操作规程。

应该吸取此次事故发生的教训，制定完善、科学、安全、可靠的储罐操作规程，并确保储罐作业人员全部具备相应资质，经过培训掌握作业的范围、风险和相应的预防及控制措施。提高作业人员尤其是进行监督和管理的人员的基本救护技能和作业现场的应急处理能力，一旦发生异常情况要果断决策、有力处置。

2.8 科威特休阿伊巴炼油厂油罐火灾事故

2.8.1 事故经过

1981 年 8 月 20 日，科威特休阿伊巴炼油厂的油罐发生火灾，8 座油罐依次燃烧，大火持续燃烧 6 天之久，直接经济损失折合人民币约 1.5 亿元。

休阿伊巴炼油厂位于波斯湾畔，总占地面积为 13.68km^2（东西长约 7.2km，南北宽 1.9km）。厂内设有东西两个油罐区，西边为重油罐区，东边为轻油罐区。事故发生在轻油储罐区东侧的储罐群。该罐群共有 11 座储罐，划分为南北两个组。南边一组是 6 座储罐（1~6 号罐），每座储罐容量为 25600t，主要储存成品油；北边一组是 5 座储罐（7~11 号罐），其中 4 座储罐的容量各为 11500t，另外一座储罐的容量为 5100t，主要储存半成品。

8 月 20 日凌晨 2 时 10 分左右，当向 6 号油罐输送石油的作业即将结束时，该罐与输油管和分支管之间的地方突然起火，火势很快从 6 号油罐东面北侧的下方蔓延到油罐浮顶的上部，半小时后，火焰燃着浮顶罐与罐壁之间的可燃封隔物，从而发展成油罐火灾，火焰高达 65m 以上。消防队到场后，由于遇到猛烈的大风，火焰和高温射向邻近油罐，尽管消防队不断出水冷却，试图保护 5 号和 3 号油罐，但未能奏效，两个油罐被引着了。两天以后，火势扩大到 8 号、9 号、10 号油罐，又过两天，火势相继蔓延到 2 号、1 号油罐。在火势发展到最猛烈阶段时，每小时灭火用水量达到 204t（3.4t/min）。由于大量喷水，火场水积蓄越来越多，最后溢出北边一组油罐群的防火堤，火焰亦随着油水流淌，又蔓延到南边一组油罐群。8 月 25 日上午（着火后的第 6 天），消防队扑救第 1 号油罐火灾，经过一昼夜的奋战，逐渐将大火扑灭。

2.8.2 事故原因分析

（1）进罐管线泄漏导致油品泄漏。

据分析（原因尚未确定），这次火灾可能是通往 6 号油罐的输油管渗漏出的油气，遇明火引燃所致。为了防火安全，加强油库管道等设备维护是十分必要的。

（2）消防设备失效不能有效第一时间控制火情。

罐区的泡沫灭火设备缺乏维修保养。事后对 56 个泡沫灭火设备进行了检查，发现其中 36 个有缺陷，如有的发泡率不足，有的泡沫比例调整不准确，有的空气入口堵塞，有的管道堵塞等。在灭火战斗中，这些设备不能充分发挥作用，贻误了灭火战机。

2.8.3 事故启示

（1）加强站场设备完整性检测。

加强站场工艺管道及附属设备完整性检测，确保设备可靠。

（2）加强消防系统检查与维护。

定期检查消防设备，及时更换灭火器和泡沫发生器。

2.9 沈阳大龙洋石油有限公司储油罐区油罐着火爆炸事故

2.9.1 事故经过

2001年9月1日，沈阳大龙洋石油有限公司储油罐区发生该市有史以来最严重的一次恶性油罐着火爆炸事故，8座400m^{3}的油罐和1000m^{2}的罐库被烧毁，烧掉汽油、柴油2000余吨，造成1人死亡、8人受伤，直接财产损失2852395元。

该公司建于1994年，占地面积12000m^2。该公司储罐区共有立式储罐14座，均设在砖墙钢屋架石棉瓦屋盖的建筑物内。爆炸起火的是罐区东北侧建筑物内的8座储罐（其序号从南向北为1~8号），每座储罐容积均为400m^3，其中1号、2号、3号、4号为柴油罐，5号、6号、7号、8号为汽油罐，总容积为3200m^3。距起火油罐区南侧20m处建筑物内有6座储罐（其序号从东向西为9~14号），其中9~12号均为500m^{3}柴油罐，13号、14号均为2000m^{3}柴油罐，总容积6000m^3。距起火油罐区西侧21m处是沈阳大龙洋石油有限公司油罐区，该油罐区有立式汽油、航空煤油储罐5座，每个容积均为1000m^3，总容积为5000m^3；还有卧式柴油罐27座，每个容积为60m^3，总容积为1620m^3。距起火油罐区南侧六七米处一墙之隔的铁路专用线上停放两列柴油油罐槽车，共22节，每节车容积为50m^3，总容积为1100m^3；铁路专用线南侧站台上停放3辆汽油罐车，每辆车容积为18m^3，总容积为54m^3。距起火油罐区东北侧260m处是某区公路段加油站，有地下汽油、柴油储罐4座，每个容积为10m^3，总容积40m^3。300m处是某区政府液化气站，有50m^{3}液化气储罐一座。起火油罐区东南侧960m处是巢湖加油站，有地下汽油、柴油储罐4座，每个容积均为25m^3，总容积100m^3；950m处是沈阳市石油总公司油库，储存柴油总量11000m^3。

8月31日夜，该公司油库保管队从11号储罐向8号储罐倒汽油至9月1日凌晨，由于所有参加输转作业的人员擅离职守，未及时发现8号储罐溢油，致使轻质油料从油罐内外溢达几十吨，其油蒸气一直蔓延到150m开外，该公司领导为抢救被油蒸气熏倒的三名职工，在车库附近油蒸气很浓的情况下（距溢出油料的油罐不足 100m），让司机发动汽车送伤员去医院，结果引爆混合油蒸气，瞬间窜至溢出油料罐区，引爆引燃溢出油料，并陆续（三次）将 8 座油罐引爆烧毁。大火燃烧了 8 个多小时才被消防官兵奋力扑灭。

据调查，当时风向为东北风，风速为 2m/s，倒油作业点与油蒸气扩散主方向一致。该石化有限公司也证实，该油库办公楼车库方向首先发生爆炸并有火球窜出，随后整个库区地面火光四起，紧接着该油库的 1~8 号储罐发生爆炸。经现场勘查，8 号储罐进油阀门处于开启状态，油罐顶部的测量孔内径为 141mm，测量孔盖下表面与测量孔上表面间隙为 17mm，距 8 号储罐西南方向 220m 处的建筑物表面有燃烧痕迹，该痕迹为第一次蒸气爆燃形成；油库办公楼位于 8 号储罐西南 165m 处，处于油气扩散范围之内；司机启动过的小轿车机盖向上隆起变形，前后挡风玻璃破碎向外抛出，点火开关处于接通状态。因此，可以判断，火灾原因是 8 号储罐汽油从测量孔溢出，汽油蒸气扩散至轿车停放处，发动轿车产生的火花引爆汽油蒸气，继而引发 1~8 号油罐爆炸。

2.9.2 事故原因分析

（1）值班作业人员擅离职守看球或睡觉是造成油罐装满跑油的直接原因。

（2）在油蒸气浓度很高的情况下，油库领导让司机发动汽车是导致油罐着火爆炸的直接原因。

（3）当天晚上至次日上午气压很低，无风，使积聚的油蒸气不能很快散去或降至混合油蒸气着火爆炸下限浓度，是这次“9·1”油罐着火爆炸的间接原因。

（4）由于被烧毁的 8 座油罐是建在库房内，溢出的几十吨轻质油料在罐库内形成相对密闭的油池，在混合油蒸气爆炸的瞬间冲开罐库顶盖，强大的冲击波挤压油罐变形裂开是造成油罐着火爆炸事故扩大的重要原因。

（5）由于油罐违章建在罐库内，致使消防官兵对油料的初始火灾不能迅速扑灭，油罐火情越来越大，并陆续发生三次油罐爆炸，经过 8 个多小时几乎烧完的情况下，才将油火扑灭。

（6）未设固定、半固定或移动消防灭火设施，不能在消防官兵到来之前，有效地控制火情或扑灭初起油火。

（7）公司人员未经消防训练，缺乏起码的消防常识，一经着火爆炸，人员作鸟兽散。“119”火警电话，还是其他单位的人员打的，并引导消防车抵达火场，耽搁扑灭初始火灾最宝贵的十几分钟时间。

2.9.3 事故启示

这次“9·1”油罐着火爆炸事故，事发偶然，实则蕴藏着爆发重大安全事故的必然性。

（1）违章建库。所建油罐均不符合《石油库设计规范》所规定的安全距离要求。无正规设计单位设计，无资质单位施工，将油罐建在罐库内，容易造成油蒸气大量积聚，为油库安全留下重大隐患。

（2）违纪使用。2001年4月20日，该区消防大队在专项治理排查中，发现油库存在重大火灾隐患，依据《中华人民共和国消防法》和《辽宁省消防条例》，当即责令其停止违法行为，并于4月23日下发了《公安行政处罚决定书》。一周后，该区消防大队对油库进行了复查，确认该油库已停止使用。同时了解到该公司筹资540万元，征地40000m^2，准备将油库搬迁，规划图纸已设计完毕，并上报市建委和规划等部门待批。在油库停止使用期间，该油库仍时常暗中进行收油、发油作业，直至发生轰动全国的“9·1”油罐着火爆炸的恶性事故。

（3）重效益、轻安全。该公司只重视经济效益，不重视消防设施建设，着火爆炸的8座油罐无配套的固定或半固定消防设施，致使发生油罐着火爆炸时不能扑救初起火灾或控制火情，等待消防官兵的到达。

（4）重经营、轻管理。该公司对油料经营抓得紧，对安全管理听之任之，在此之前，已经发生多次油罐溢油事故，少则几十千克，多则几吨，均未引起公司领导的足够重视。

（5）重使用、轻培训。该公司员工大部分未经业务、消防培训，缺乏起码的油料常识和消防常识，对溢油、跑油事故习以为常，油气中毒根本不懂，油料易燃易爆特性知之甚少；不知如何扑救油火，如何报警，如何使用灭火器材。

（6）疲劳作业，隐患多多。该公司油库保管队人员较少，经常连续几天几夜进行油料收发和输转作业，多次发生员工打瞌睡或睡过去的现象，并多次发生跑油、冒油事故。

（7）夜间输油，隐患多多。该公司油库由于业务经营需要，经常在夜间进行输转油料作业，为事故的发生埋下了隐患。一是油罐区照明条件不好；二是连续夜间输油作业，致使员工作业发生失误的概率扩大；三是夜间发生油料跑、冒、滴、漏现象不易发现；四是夜间通信联络困难，一旦有事容易延误时机。

2.10 金陵石化公司南京炼油厂油品分厂油罐爆炸事故

2.10.1 事故经过

金陵石化公司南京炼油厂始建于20世纪50年代，年加工能力达到每年750×10^4t。该厂的主要产品是汽油、喷气燃料、柴油和轻质石脑油等。1993年10月21日18时15分，该炼油厂油品分厂半成品车间无铅汽油罐区发生空间爆炸，引起罐区地面及310号油罐着火，操作工人、拖拉机驾驶员两人被烧先后死亡，溢罐跑损及烧掉90号汽油182.4t，310号油罐外壳被烧后略有变形，罐壁口周围被烧变形，且凸凹不平，罐顶被炸，火烧后变形弯曲，倾斜在罐壁内，310号油罐的浮船、罐壁、扶梯、浮梯等局部烧坏，周围部分管线保温、罐区控制动力电缆、照明、通信线路被烧损，罐区过火面积达24000余平方米，造成直接经济损失38万余元。这次参战的有156辆消防车，消防、部队等1323人，经参战人员有力扑救，310号油罐大火在10月22日11时15分被扑灭，持续17h。

发生火灾的310号罐位于炼油厂油品分厂六油槽岗位，分为东西两个罐区，中间由一条13号路相隔。东罐区位于山坡上，有4座6000m^3的70号汽油罐。西罐区分为东西两排，东一排由2座10000m^3的90号汽油罐和一座3000m^3的石脑油罐组成；西一排由4座90号汽油浮顶罐组成，在310号罐与311号罐间设有隔堤。11号路西侧坡上有两座10000m^3的原油罐。11号路、20号路和13号路与罐组防火堤间有一条宽约1.5m的排洪明沟，排洪沟与罐组防火堤间有很多沿地面或低支架敷设的工艺管道，占地宽度2m左右。防火堤内有一条排水明沟贯通隔堤和防火堤。310号罐距11号路55.15m，距13号路55.1m。11号和13号路路面很窄，不能满足错车要求，罐区没有环形车道和回车场地。

1993年10月21日13时310号罐收油结束，罐位为14.26m，白班操作工关闭了310号罐的进油阀门C，15时310号罐开始进行加剂自循环，这时需打开310号罐的进出油阀门C和A，但操作工误将311号罐的出油阀门B当作310号罐的出油阀门A打开，使得311号罐中的油泵入到310号罐内。15时41分，310号罐液位达到14.302m，已超过安全高度（安全液位为14.3m），操作室内超高液位报警器开始报警。中班操作工认为是仪表误报警，未查找原因就关闭了报警器。1min后，报警器又发出声光报警信号，中班操作工竟然置之不理，致使高液位警报一直持续到空间爆燃发生后。在此期间，汽油从310号罐顶大量外溢，在罐区扩散，并从罐区流入200多米长的排水明沟。经测量，爆炸面积为23437.5m^2，空间体积117187.5m^3。在1.5km外明显听到爆炸声。此时在空气中汽油蒸发的体积含量至少在2.2%左右，与空气混合的汽油爆炸极限为1%~6%，恰好在爆炸浓度范围内。在爆炸空间按照2.22%的汽油浓度计算，总的汽油蒸发量为2601.56m^3，合计为11.15t。18时10分，距罐区南侧100m的半成品油车间操作工人闻到刺鼻的汽油味，全班人员出外检查，一名工人在返回更衣间时被汽油味熏倒（能致人昏迷的油气浓度为2.2%）。

18时15分，一民工开着拖拉机路经11号路穿越罐区，拖拉机排气管排出的火星引发了310罐外溢汽油蒸气发生空间爆燃（经试验也证明驶入爆炸区域的手扶拖拉机排出火星为这次爆炸火灾事故的点火源），同时11号路西侧山坡上的树木、防火堤及隔堤上的树木也被引燃，排水沟及排洪沟内的汽油燃烧形成了一条火龙，310罐浮顶边缘处形成了汽油的稳定燃烧。3名工人冒火进入罐区，关闭310罐在阀门组处的进出油阀门时，却发现310罐的出油阀门A处于关闭的状态。这从一个侧面说明是白班操作工误开了。

爆燃发生后2min，炼油厂消防队赶到了现场。因当时油罐浮顶的密封圈还没有完全烧坏，罐顶火势并不大，炼油厂消防队首先扑灭了20号路周围的流淌火，随即进入11号路，使用设置在罐组西侧的半固定式泡沫灭火系统扑救罐顶火灾。但由于在加宽修缮防火堤的施工过程中，泡沫灭火管道被挪动并留有缺陷，从泡沫接口打入的泡沫都在地下流失掉了，没有能够通过管道打到罐顶上，因而错过了灭罐顶火的最佳时机。炼油厂消防队又将一台大功率奔驰泡沫车布置在310罐西侧的11号路上，但由于距离较远，再加上罐本身的高度，泡沫只能打到罐顶边缘，不能进入罐顶发挥灭火作用。

18 时 36 分，南京公安消防支队和其他企业专职消防队陆续赶到现场，此时油罐浮顶的环形燃烧面积已经形成。消防支队组织一部分人扑灭流淌火，另一部分人集中力量冷却 310 号罐罐壁，经过 50min，地面流淌火被彻底扑灭。

由于长时间的高温作用，310 号罐罐前阀的法兰垫片被烧坏，一股强大的汽油直往外冲，立即燃起了熊熊大火，对 310 号罐体构成很大的威胁。23 时左右，由于四五个小时的燃烧，汽油温度升高，310 号罐顶结构受损，溢出的汽油顺着罐壁下流，形成一片火帘，火势更大了。灭火指挥部决定组织一次进攻，用泡沫枪和两台奔驰泡沫炮压制罐顶，但泡沫枪打不到罐顶上。布置在 13 号路上的奔驰泡沫炮车距离 310 号罐 55.1m，泡沫无法全部打到罐顶上，加之使用的普通泡沫析水速度快，不能有效地覆盖环形油面，火势不仅没有被压下去，泡沫中析出的水反而使得罐中汽油漫流出来，形成了更大范围的流淌火。罐前阀门火曾一度被扑灭（使用了 8 只 25t 的 1211 灭火器），但泄漏出的汽油蒸气又瞬间被引燃，迅速在罐前阀门处形成稳定燃烧，灭火计划没有成功。

22 日凌晨，各路增援力量赶到。清晨 7 时 15 分，火场指挥部确定了油罐火灾的总攻方案，从江都紧急调运 40t 氟蛋白光沫，从上海空运 25 门泡沫炮。9 时 20 分，灭火总攻开始，4 门 200L/s 的移动式泡沫炮和 2 支 50L/s 的泡沫管枪直射 310 号罐顶部。30min 后，尽管大量的泡沫喷上罐顶，但仍压不住熊熊的火势，又过了 10min，罐顶火势才开始减弱，10 时 20 分，310 号罐顶火被彻底扑灭。310 号罐前阀门火在大量的泡沫堆积覆盖下也终于淹熄。

2.10.2 事故原因分析

经事故调查组和技术专家的技术论证，认为这起事故是由于 310 号油罐汽油外溢，蒸发形成混合爆燃气体，在点火源的作用下，首先发生爆炸，继而引起油罐燃烧的重大火灾事故。在全面认真调查事故经过和分析事故原因的基础上，调查组认为，这是一起由于管理不善、违章操作和严重不负责任所造成的重大责任事故。

10 月 21 日 15 时 15 分左右白班操作工对 310 号油罐进行加剂循环调和作业时，误操作引起火灾。本应打开 310 号油罐的副出线主控阀，却错开了 311 号油罐副出线主控阀，导致 311 号罐装满的汽油泵入 310 号油罐，造成 310 号罐汽油外溢，在罐区内外面积扩散，形成爆炸性气体，成为这次事故的直接原因。进入爆炸区的拖拉机的火星是这次火灾事故的点火源。造成此次事故的间接原因有以下几点：

（1）纪律松弛，管理滑坡，各项规章制度执行不严。操作人员责任心不强，严重违反操作纪律。对310号油罐从15时41分高液位报警一直到着火无动于衷。五道操作关没有把住：一是没有认真交接班；二是2h要到罐区巡查挂牌一次，没有去检查，牌已锈蚀；三是改变流程没有现场核对；四是满罐封罐后罐的所有阀门没有关闭，而且是全开；五是规定干部下去分片包干检查，没有执行。有效的制度规定形同虚设，使安全生产失去了基础和保证。

（2）管理有严重的漏洞，厂区秩序混乱。一级防火防爆区，机动车辆不准进入，驶入拖拉机严重违反了有关罐区的安全规定。发生事故的拖拉机的通行证已超期。两死者身上均有火柴和香烟，严重违反防火、防爆“十大禁令”。禁令的第一条就是严禁在厂内吸烟及携带火种入厂。

（3）消防设计、审查、施工、验收管理混乱，有些隐患长期得不到整改。严重的是半固定的泡沫灭火线底阀未装，延误了救火。起火的油罐原为1965年建的原油罐，1982年改造成为汽油罐，在工程实施过程中，未按有关规范要求对消防安全设施、道路等进行改造，也未按规定到消防部门办理防火审批手续，以致造成了整个罐区无环形消防车道，道路宽度不足，道路与罐区防火堤之间沿地面或低支架敷设了很多工艺管道，致使在扑救310号罐火时，消防车无法从任何一面靠近油罐，即使是进口的大型奔驰泡沫消防车也无法发挥作用；该罐区的半固定式泡沫装置在扑救火灾前损坏，面对大火无法发挥作用。

2.10.3 事故启示

（1）输储油设备渗漏油严重，存在隐患。在油罐火灾尚未扑灭时，看到与310号油罐相邻的几座油罐罐前总闸阀均有不同程度燃烧的痕迹，原因是罐前闸阀渗油，排污阀关闭不严并未加盲板。

（2）禁区管理不严，火源进入罐区。在刚扑灭火时，在油罐区内发现有非防爆手电筒，有普通的明闸刀，有香烟，还有引发火灾发生的拖拉机戴得不符合要求的防火罩。据有关人员介绍，该单位有300多辆自备的轻骑，整天在油罐区内外穿梭，事发后，全部收缴处理。

（3）责任心不强，酿成大锅。操作工严重渎职，错开阀门后，不检查又不坚守岗位，油罐区内迅速形成爆炸性油蒸气。发生火灾时，另一名操作工奔向油罐区关闭闸阀，可是还未到油罐就被大火吞没。

（4）消防设施不配套，小灾变成大灾。各油罐之间虽有防火堤，但为了排水方便，闸阀长期打开，因此，310 号油罐溢出的汽油，轻易地流到了相邻储油罐周围。在爆燃的瞬间，除 310 号罐外，还有 2 座万吨罐处在火海中，整个排水沟犹如一条火龙。由于积聚的蒸气迅速爆燃自灭，另 2 座万吨罐才幸免于难。油罐全部安装有灭火装置，如状态良好，在火灾初始阶段，用不了几分钟就能将火扑灭，但灭火装置安装十几年来，无人问津，以致设备锈蚀、消防泵不能启动、储备的泡沫液数量不足，半固定泡沫线没有用上（少装一个阀门埋在地下），实际上成了摆设，在关键的时候有劲使不上，眼看着大火越烧越旺。

（5）设计不合理，灭火难度大。火灾发生后半小时内有 19 个消防中队的几十辆消防车赶赴现场，因油罐区内管线纵横密布，消防车无法抵近。灭火的又一难关就是罐前闸阀填料、垫片烧坏，闸阀喷出的油火，由于悬空很难灭掉。造成闸阀燃烧的主要原因是闸阀下方建有一口集油井，井内积累的油一燃烧，火就直接烧到闸阀上。为灭掉闸阀的油火，用草袋装上土，堆上 1m 多高，将闸阀围住才将火扑灭。

（6）灭火现场缺乏统一指挥，消防员扑灭油罐火灾知识比较缺乏。这次火灾，三个省市共有 100 多辆消防车赶赴现场，客观上灭火指挥在短时间内难以形成统一，主观上在罕见的油罐火灾面前，没有制定有效的灭火方案，措施不力。如消防车不能抵近油罐灭火，大火持续燃烧了 10h，才想到从外地调用移动式泡沫炮；又如在现场下达命令的指挥员过多，消防人员无所适从。在现场还看到，消防员扑灭油罐火灾知识还较缺乏，如有的水枪喷出的全是水，还有的水枪喷出的全是泡沫。

（7）提高工人业务素质及安全意识。310 号罐火灾是一起严重的责任事故，导致这次事故发生的原因很多，操作工缺乏消防安全意识和应有的责任心，不到现场进行交接班，不进行巡回检查，在液位超高发出声光报警的情况下，操作工不采取任何措施等，而最关键的原因是操作工误开阀门致使溢油事故发生。为了减少或尽量避免人为误操作，加强管理，科学地制定和严格地执行操作规程，提高业务素质及操作技能是极为重要的。除此，还应从技术上减少失误的机会，对于极易造成人为过失的机械设备和操作方法，要有相应的技术处理措施，例如，人为的手动操作应与操作人员的视觉、触觉等接受及处理信息和操纵反应能力相配。设备、管道的颜色或标志都应明了醒目；阀门的启闭状态及归属关系都应有明显标识，设置位置应顺手、有序，方便操作人员辨识和正确操作；液位、压力、温度等主要操作参数不但要有显示，而且应有权限或危险状态的预报信号装置。

（8）油罐区改建和扩建时必须按规范要求设计和建设，并满足消防操作的要求。1982年六油槽岗位油罐区改建时，未按有关规定要求对消防道路进行改造，罐区无环形消防车道，也未设供消防车调头的回车场，且道路宽度不足，这样给火场调度指挥带来了极大困难，按照要求，油罐区周围应设环形消防道路，山区的油罐区设环形道路有困难时，须设有回车场的尽头式消防道路。油罐组间的消防道路宽度不宜小于3.5m，带有回车场的尽头式道路路基宽度应大于6m。

310号罐所在罐组防火堤原为土堤，改建时只对土堤进行了混凝土处理，但土堤上种的树依然留存，违反了防火堤必须用非燃材料建造（包括不得附带其他可燃物）的要求，空间爆燃发生时树木全被引燃，扩大了火势。所以，防火堤必须要用非燃材料建造且满足不附带任何可燃物的要求。

油罐组雨水排出口未设置封闭装置，310号罐溢流的汽油顺着排水沟穿越隔堤和防火堤流入排洪沟，形成了大面积流淌火。防火堤内雨水的安全排放是油罐区普遍存在的问题，一些雨水排出口设置的闸板封闭不严，不能有效阻隔油品外溢，有些雨水排放管上设置的阀门因锈蚀而不能正常启闭，结合规范要求，建议雨水排放采用排水管穿堤，并在堤外设置可防锈蚀的双重阀门。平时阀门处于开启状态，保证雨水顺畅排放，发生事故时应及时关闭阀门，以阻止油品流出防火堤。

（9）油罐区采用（半）固定式泡沫灭火系统时，可配置一些移动式泡沫炮。310罐大火是（半）固定式泡沫灭火系统失效的又一个例证。310号罐泡沫管在挪动时留有缺陷，工程结束后有关部门未对泡沫灭火系统试用验收，以致火灾时不能发挥应有的作用。（半）固定式泡沫灭火系统在实际应用过程中还存在不易维护保养的问题，管道锈蚀严重，需要经常性的清除，而且在油罐火灾中（半）固定式泡沫灭火系统也可能会受到一定程度的破坏。因此，在配置（半）固定式泡沫灭火系统的同时，还应配置移动式泡沫灭火设备（一般包括泡沫钩管、泡沫枪和泡沫消防车），但由于泡沫钩管、泡沫枪的流量小，泡沫在油面上闭合速度慢。泡沫消防车只能布置在防火堤外，与着火罐距离较远时（60m左右），即使是最先进的奔驰泡沫炮车也不能有效地发挥作用。而移动式泡沫炮具有流量大、机动性强、可近距离使用的优点，能够弥补其他移动式泡沫灭火设备的不足。所以大型罐区除应设置（半）定式泡沫灭火系统外，还应配备一定数量的大功率移动式泡沫炮。

（10）大型油品储存区宜选用性能优越的泡沫灭火剂。目前油品储存区配备的灭火药剂主要是低倍数空气泡沫，其中以普通蛋白泡沫的应用最为广泛。与氟蛋白泡沫相比，普通蛋白泡沫流动性差，抗油类污染能力差，灭火效力低，不能与钠盐干粉联用。310号罐大火最终是用氟蛋白泡沫扑灭的。此次火灾中，由于长时间燃烧，油品温度较高，泡沫连续供给40min后才使火势减弱。中倍数泡沫与低倍数泡沫相比，虽然中倍数泡沫热稳定性差，但发泡倍数高，泡沫供给强度低，灭火速度快，灭火后对油品污损小，经济上有明显的优越性。因此，大型油品储存区应配备性能良好的氟蛋白泡沫或中倍数泡沫，以提高灭火效率。

（11）加强禁区管理，人员进入禁区要坚持登记收缴火种制度，车辆进入禁区要戴符合要求的防火罩。

（12）加强对安全防护设施的管理。在用的消防设施、设备应齐全、完好、可靠，做到消防道路畅通，消防水池应保持长期满水，消防车、消防泵随时能开得动。要储备足量的泡沫液，有关油库可配备2~4门移动式泡沫炮。防火堤内的孔洞平时要关闭。

（13）要制定切实可行的消防预案，并定期组织演练，特别是要组织好军警民联合演练，搞好区域联防，重点解决组织指挥、方案制定、报警联络等环节，以应付突发事件。应经常组织消防实战演习，遇事做到不慌张。

2.11 兰州石化公司油罐火灾事故

2.11.1 事故经过

2002年10月26日晚9时，兰州石化公司30000m^{3}的402号原油罐，在进行清理罐底油渣时，因使用非防爆电气设备发生火灾，当场烧死1人。经过消防人员36h的奋力扑救，将大火扑灭。火灾损失惨重。

兰州石化公司油品车间的重油罐区，共有7座大型立式金属浮顶油罐。发生事故的是402号储罐。402号罐，高19.35m，直径46m，总储量30000m^3，为钢制浮顶原油储罐。该罐建于1995年，由于密封圈老化等原因，公司准备近期对其进行维修。

为了清理油罐内残油，兰州石化公司临时安装了小油泵进行灌装油品。26日21时，又一辆油罐车装满了残油，清理现场一职工示意关泵，另一职工随即走向临时安装的配电盘去关闭油泵开关。而此时，由于长时间作业，产生的油蒸气与空气混合达到了爆炸的极限，就在他们关闭开关的一刹那间，电火花引燃了作业现场的可燃蒸气，发生了爆燃，并迅速蔓延到油罐的人孔。大火从人孔钻进了油罐，又引起了油罐内可燃蒸气的爆燃。随着“轰”的一声巨响，在场的人们便被大火吞没了，其中一人当场死亡，在场的另外5人均被烧伤。

起火的原油罐，位于106号罐区，占地90000m^2，北靠黄河，南临车站，西靠居民区，东邻某铝厂。罐区内的7座大型油罐中，401号、402号、403号油罐容量均为30000m^3，405号、406号、407号油罐均为10000m^3。7座罐中除405号是空罐，402号罐留有残油600m^{3}外，其余5座罐均储有原油，总储量为36598m^3。不仅如此，与罐区仅隔一条消防通道的车站专用卸油平台上，还停放着3列共22个油罐车，总储量为11440t。着火的402号罐离最近的406号罐仅有24.4m，如果大火烧到406号罐，导致其爆炸，其他油罐极有可能发生连锁爆炸。一旦连锁爆炸发生，那么车站的油罐车、附近的企业、居民将会遭受无法想象的损失。事故发生后，企业专职消防队共18台消防车、186名指挥员和战斗员火速赶往现场，公司领导在赶往现场前，紧急调动500名职工赴现场协助消防队灭火。消防支队赶到现场后，立即展开了灭火战斗。22时13分，市公安消防支队接到报警后，又立即调出与火场最近的某公安消防中队的5辆消防车、50名官兵急赴现场增援。消防队使用泡沫枪，一面横扫地面流淌的油火，一面通过人孔向罐内注入泡沫。大火被控制在402号油罐人孔处10m^{2}的范围内。与此同时，灭火人员调集沙袋，封堵人孔，对406号油罐进行冷却处理。现场未见异常。次日凌晨2时，消防中队奉命撤回。

不料，凌晨6时12分，402号罐发生了复燃。只见黑烟滚滚，烈焰升腾，遮住了刚刚露出的天光。这次复燃，发生在罐体之内，随着轰轰烈烈的燃烧，又发出轰轰隆隆的巨响，像由远而近的雷鸣。流火喷溅四溢，罐壁的隔热层和油罐周围的输油管道也在不断地断裂，发出怪响。

市公安消防支队某中队的官兵再次着装登车，奔赴火场。与此同时，支队又调动了距火场较近的几个中队赶赴火场。当三支消防队赶到现场时，只见402号罐前，烈焰升腾，黑烟滚滚。为了争取时间，防止火势向四周蔓延，尽量控制地面火，缩小燃烧范围，现场指挥员重新调配了灭火力量。共30台消防车、270名指战员合兵一处，用泡沫炮、泡沫枪控制、阻挡凶猛的火势，用直流水枪冷却罐体。经过5个多小时的战斗，火势终于得到有效的控制。地面的流淌火均被消灭，但油罐内大火仍在继续燃烧。中午时分，忽听得“轰”的一声巨响，在罐体内部发生了爆炸，随着这爆炸的巨响，浓烟冲天而起，凶顽的烈火再一次从人孔处喷涌而出。402号油罐周围，再次变成一片火海。这第二次复燃，其火势比第一次复燃猛烈得多。

经指挥部认真分析后，决定集中力量控制402罐，堵截火势，限制燃烧；调重兵死保406号罐，防止连锁反应。为了挡住流淌的滚烫油火，消防官兵、专职队员以及职工们，冒着生命危险，在一个多小时的时间里，用15t袋装水泥和1000多袋沙土，修筑了两道挡油堤。为了迅速消灭漂在流动的热油之上并迅速扩散的流淌火，30名官兵和专职消防队员用了400多只手提式和推车式干粉灭火器先后4次冲入火海，阻止火势的蔓延。经过20多个小时的艰苦奋战，至10月28日22时，大火终于被彻底扑灭。

2.11.2 事故原因分析

（1）工程承包有问题。在油罐清洗作业工程承包中，没有对施工队进行审查，施工队没有进行油罐清洗作业的专业知识，这是引起事故的重要原因。在许多油库，平时的工程施工等许多工作，都请临时工完成，这也是油库安全管理工作的薄弱环节，加强工程队、临时工的管理，应是油库安全管理的重要工作。

（2）在施工作业现场使用非防爆电气设备，且施工作业现场管理混乱，抛洒油污严重，这是导致发生火灾事故的直接原因。

（3）防火堤不密封，火灾处置不当，首次扑救不彻底，这是造成火灾事故扩大的直接原因。

2.11.3 事故启示

从此次事故可以看出，加强油库安全管理，必须贯穿生产过程的始终，落实到每一项具体工作中，不能有丝毫的松懈。油罐清洗作业是一项安全要求很高的工作，如果清洗操作制度不规范或不严格执行，防范措施采用不当和操作失误，都会发生较大的事故，诸如人身中毒，甚至引发火灾，造成严重损失。因此，油罐清洗作业时应采取有效措施防止电气火灾事故的发生。

2.12 上海石化公司储罐爆炸事故

2.12.1 事故经过

2018 年 5 月 12 日 15 时 25 分左右，在上海赛科石油化工有限责任公司公用工程罐区位置，上海埃金科工程建设服务有限公司的作业人员在对苯罐进行检维修作业过程中，因苯罐发生闪爆，造成在该苯罐内进行浮盘拆除作业的 6 名作业人员当场死亡。

2018 年 3 月，赛科公司发现 0201 苯罐呼吸阀有微量泄漏导致 VOC 浓度超标，经呼吸阀检修后判断为浮盘密封泄漏，于是安排浮盘密封检修。

4 月 16 日，赛科公司在公司 SAP 系统中先后建立检修通知单（通知单号：10172197）并产生维修工单（维护订单号：20153636），对 0201 苯罐开展检修工作。

4 月 19 日，赛科公司开始安排 0201 苯罐倒空作业；4 月 19 日至 23 日，安排蒸罐 4 天；4 月 24 日至 5 月 1 日，安排氮气置换 8 天。

4 月 24 日，赛科公司通过邮件通知埃金科公司围绕“该罐囊式内浮船密封的拆除及安装”制定检修方案，埃金科公司于 4 月 25 日完成《OSBL75–TK021 罐检修施工方案》的编制（经核查，该方案名称应为《OSBL75–TK–0201 罐检修施工方案》），赛科公司于 5 月 3 日完成方案审批。

4 月 26 日，赛科公司围绕 0201 苯罐检修开展 JHA（作业 / 工作危害）分析工作，制定《工作危险性分析表》（编号：JHA–75–18–0002）。

5 月 1 日至 5 月 2 日，赛科公司打开 0201 苯罐人孔进行自然通风并检查，发现浮盘密封损坏。

5月4日至5月8日，赛科公司安排相关人员进罐检查，发现超过半数浮箱泄漏积液，于是安排对浮箱进行打孔后排液。

5月8日16时，赛科公司相关部门召开专题会议，认为浮盘无修复价值，决定整体更换。

5月9日中午，赛科公司在OSBL（公用工程）设备维护每日例会上，要求埃金科公司在当日下午安排人员进罐将所有浮箱破坏性打穿；5月10日开始拆除全部浮箱并拿出；要求埃金科公司周末连续作业，确保5月16日罐内空出。

5月9日下午，埃金科公司作业人员开始进罐作业。由于作业条件所限，只能实现逐批次将浮箱打穿并拆除。作业至5月11日，共拆除38只浮箱。

事故苯罐建造于2009年。罐结构为内浮顶拱顶罐，公称容积：10000m^3，设计压力1.96/–0.49kPa，设计温度：65/–10℃，直径：30米，罐顶高度19m，内浮顶采用箱式铝合金装配式内浮顶，支撑立柱采用固定式支撑立柱，高度1.5m，密封采用舌形密封加囊式密封，铝合金浮箱规格3800mm × 520mm × 80mm，浮箱数量共有359只，采用螺栓连接成一个整体。该0201苯罐基础底座处设有一个排放孔，用于清空储罐和排放积液，该排放孔是储罐罐底的低点。赛科公司于5月4日至5月7日两次装桶收集均通过此排放孔。后因直接装桶影响现场环境，于5月8日起改用气动泵转移方式将罐底泄漏残液转移至位于0201苯罐南侧约21.8m（两罐外壁距离）左右的75TK–0202罐。5月10日，当班罐区值班长依据指令，在检查该排放孔无残液流出后，拆除气动泵并关闭排放孔阀门，至事故发生，该阀门未被打开。

2018年5月12日上午，埃金科公司作业人员到达赛科公司公用工程罐区，准备对0201苯罐进行检维修作业。作业开始前，赛科公司罐区外操人员使用手持式气体检测仪，在0201苯罐外人孔处进行测氧测爆工作并记录当时的检测数据（8时47分，测得氧含量20.9，可燃气体0）。埃金科公司现场监护、赛科公司现场监护、赛科公司罐区当班值班长在未认真核实测氧测爆情况，未按照作业许可证所列明的要求，检查作业人员个人防护用品的佩戴以及作业工器具携带的情况下，先后在作业票上签字确认。随后通知赛科公司安保质量部工程师到现场，对许可证控制流程的执行情况进行确认后，埃金科公司作业人员开始进罐作业。

13时15分，埃金科公司8名作业人员继续开展浮箱拆除工作。其中6名作业人员进入 0201 苯罐内，1 名作业人员在罐外传递拆下的浮箱，1 名作业人员在罐外进行作业监护。现场另有 1 名赛科公司外操人员在罐外对作业实施监护。该名外操人员同时负责定时进行测氧测爆工作。作业至 15 时 25 分，现场突然发生闪爆。

事故发生后，赛科公司立即启动应急响应预案。同时将事故信息上报上海化学工业区管委会响应中心、消防队、医疗中心、中石化调度指挥中心。赛科消防队到现场后立即对 0201 苯罐进行喷水降温；上海化学工业区管委会应急响应队伍赶到现场立即实施人员搜救工作；15 时 50 分，现场明火扑灭；17 时 50 分，现场救援结束。事故导致在 0201 苯罐内的 6 名埃金科作业人员当场死亡。

2.12.2 事故原因

（1）浮盘内残留苯积液遇明火发生爆燃。

75–TK–0201 内浮顶储罐的浮盘铝合金浮箱组件有内漏积液（苯），在拆除浮箱过程中，浮箱内的苯外泄在储罐底板上且未被及时清理。

由于苯易挥发且储罐内封闭环境无有效通风，易燃的苯蒸气与空气混合形成爆炸环境，局部浓度达到爆炸极限。罐内作业人员拆除浮箱过程中，使用的非防爆工具及作业过程可能产生的点火能量，遇混合气体发生爆燃，燃烧产生的高温又将其他铝合金浮箱熔融，使浮箱内积存的苯外泄造成短时间持续燃烧。

（2）施工单位未按规章制度作业。

施工单位未严格遵守相关安全生产规章制度和操作规程。作业前未对作业人员进行安全技术交底；知道作业内容发生重大变化后，在施工方案未变更及未落实随身携带气体检测仪的情况下安排作业人员进入受限空间进行作业。

（3）未按规定使用防爆工具作业。

施工单位安全生产责任制落实不力，相关人员未履行安全生产管理职责。未督促检查本单位安全生产工作，及时消除生产安全事故隐患；未认真检查作业人员个人安全防范措施的落实；作业过程中未督促作业人员按要求使用防爆工器具；在知道作业内容发生重大变化且施工方案未做变更的情况下，未及时要求停止作业。

同时，施工单位未教育和督促从业人员严格执行本单位的安全生产规章制度和安全操作规程；未能为从业人员提供符合国家标准或者行业标准的劳动防护用品，并监督、教育从业人员按照使用规则佩戴、使用。

2.12.3 事故启示

（1）储罐修理时应确保清除危化品残留。

内浮顶储罐结构复杂通风困难，一但残留危化品积液，容易在封闭空间内形成爆炸环境导致事故。

（2）进入受限空间作业前严格进行气体检测。

（3）作业时应严格按照要求使用防爆工具。

3 设备故障与失效事故案例

设备故障与失效具有一定的不可预见性，在目前统计的国外储罐事故案例中，设备故障原因导致的储罐事故比例较高。主要的设备故障类型有油罐吸瘪、油罐设备冻裂、油罐设备腐蚀、浮顶沉没、设备失灵等。

3.1 美国宾夕法尼亚州储罐爆炸事故

3.1.1 事故经过

1988 年 1 月 2 日，美国宾夕法尼亚州某石油公司储油场一座高 14.6m、直径 36.6m 的圆锥顶形轻质柴油储罐突然从垂直方向开裂，148×10^4L 轻质柴油全部流淌出来。由于轻质柴油从裂缝口喷出产生的反作用力，使油罐从底座上位移 30m，整个储罐完全坍塌。这次事故没有造成人员伤亡。

根据美国环境保护署（EPA）推测，约有 29×10^4L 轻质柴油从高 3m，容量为储罐容量 1.1 倍的防油堤溢出，流入相邻的应急排水沟，并由该排水沟流入位于俄亥俄河上游的莫农加希拉河。由于轻质柴油对河水的污染，莫农加希拉河及俄亥俄河沿岸 70 个城镇的村庄停止从河中取水。

该石油公司 1988 年 1 月 15 日支付除油污费 200 万美元。为了防止再出现类似事故，决定将该储油场的其他储罐迁至别处，1988 年 1 月该石油公司支出搬迁费 300 万美元。

发生事故的储罐是 1986 年从别处拆迁到该处的，基础、底座、底板、支柱都是新的。其他部分是拆迁来的原有材料在该处重新组焊起来的。重新组焊后，没有进行水压试验，只灌了 1.5m 深的水进行水压试验。而美国石油学会标准（API650）

规定：如果不进行全部水压试验，必须有下列措施代替：

（1）所有焊缝从内侧进行浸透检查；

（2）所有焊缝从内侧或外侧进行真空泄漏检查，或者从内侧按规定压力进行气密性试验；

（3）对焊缝交叉点进行 X 射线探伤。

3.1.2 事故原因分析

（1）储罐焊缝缺陷。

储罐侧板母材的焊缝热影响区有一个十美分硬币大小的缺陷，根据对缺陷表面进行化学分析及金相显微镜分析的结果，推测该缺陷在储罐组焊前就存在于钢板中。当该储罐再组焊时，促进了缺陷区的脆化。

（2）低温导致钢板脆性开裂。

事故当天（1 月 2 日）下午储罐钢板的温度较低（大约 3℃），成为低温脆化的外因。随着轻质柴油的注满，侧板中液压产生的压力与焊接残余压力相结合，从缺陷处发生龟裂并迅速扩大，最后出现裂缝并沿侧板厚度方向和高度方向扩展，在 1s 内全部破裂，这是造成事故发生的主要原因，调查中未发现其他原因。

3.1.3 事故启示

（1）加强储罐焊缝检测。

油及有害物质储罐限制方案。1988 年 2 月 1 日，3 名参议员共同提案，对下列几类储罐加以限制：容量超过 38×10^4L 以上的储罐；全体或部分再组焊的储罐；拆迁的储罐；使用 30 年以上的储罐。

该法案还规定，1×10^4L 以上的地上储罐，不管使用了多少年，储罐的所属人员必须向州当局报告储罐的年数、大小、形式、结构图、焊接经过、用途等内容。各州向联邦政府报告储罐储存量，政府在刊物上加以公布。储罐必须经过检查确认没有缺陷方能准许使用。

（2）明确防火堤容量。

美国环境保护署制定储罐设计、制造、材料、检查、用地、经济责任等有关标准。新标准制定实施后，新储罐应立即采用，现有储罐 3 年后采用新标准。储罐的所有者要制定防止储存油泄漏、流出的新措施，设置防油堤的容量为储罐容量的1.1倍，还应有第二种防护方案以承受防油堤的油突然流出。

3.2 BP得克萨斯炼油厂爆炸事故

2005年3月23日13时20分左右，英国石油公司（BP）位于美国得克萨斯州（Texas）的炼油厂异构化装置发生了严重的火灾爆炸事故，该事故为美国作业场所近20年间最严重的灾难。事故造成15名员工丧生，170余人受伤，爆炸产生的浓烟对周围工作和居住的人们造成不同程度的伤害。

3.2.1 事故经过

2005年3月23日凌晨2时左右，异构化装置的操作人员将液态烃原料倒入分馏塔中。正常情况下，塔底液位只有1.98m，塔底设有一个液位计，可以检测塔内液位并将数据传送给控制室。同时，塔内设有高液位报警系统，超过规定液位时，控制室将有声音报警。但是，事故发生时，液位超过了3m，操作人员已无法正确读取液位数据，声音报警也失灵了。凌晨3时30分，开始进料，当时液位计指示塔内液位在距离塔底3m处（后来知道这个液位计提供的读数是错误的，通过事后计算，当时塔内的液位有3.96m，超出了液位计的量程）。9时50分左右，操作人员开始将液态原料进行循环，并将更多的液体打入液位已经过高的塔中。在当时的情况下，塔的所有流量控制阀已经关闭，即使液体进入塔中也不会像开车流程规定的那样进行循环。10min后，操作人员按照正常操作流程点燃加热炉的火嘴并开始给物料加热，塔内液位迅速上升并超出正常值20倍（通过事后计算，塔内当时的实际液位为42m左右，但是失灵的液位计仍指示在3m以下，并不断下降）。12时40分左右，发出了高压报警，加热炉的两个火嘴被关闭以降低温度。由于操作流程所规定的流量控制阀不能正常工作，因此操作人员使用应急泄压阀将气体排放到空罐中，然后排至大气中。13时左右，操作人员打开阀门将液体从塔底送往储罐，但未对塔内的异常工况采取措施，塔底的液体温度非常高，使得换热器出现异常，并且导致进入塔的原料温度突升至150℃以上。13时5分，进入塔中的液体开始膨胀沸腾，导致塔内的液位进一步上升。13时10分左右，塔开始出现溢流，液体被排到塔顶的排放管中，排放管中的液体使45.72m处的安全阀受到巨大压力。13时14分，3个应急泄压阀被打开，液体从异构化装置流向放空罐，部分液体从放空罐溢出进入排污管中，但是放空罐仍处于高液位状态，并被完全充满，而且放空罐顶部的烟囱出现喷溅，喷溅持续了约1min，落到地上的液体迅速形成了极易燃烧的蒸汽云。通过计算模拟显示，蒸汽云在地面上扩散速度非常快，1min后，13时20分，一场严重的爆炸事故发生。

爆炸冲击波迅速波及了整个异构化装置，引发了严重的火灾并对整个区域造成了严重的破坏，该区域内两个活动板房被炸毁，承包商的15名员工在此不幸遇难。由于放空罐的烟囱一直排放烃类物质，所以燃烧一直持续，一些车辆被大火吞噬，50个巨大的化学品储罐被毁。

3.2.2 事故原因分析

（1）开车时仪器设备处于不正常状态。

由于开车过程中，液位计、液位报警器和控制阀出现异常，但精制油分馏塔还是照常启动，操作人员没有按照开车程序检查关键仪表，也没有按照开车程序打开塔的液位控制阀，没有平衡进出塔的物料，使塔内的液位持续快速上升了3个小时，一个失灵的液位指示计显示塔内液位在下降，导致未能及时将液体从塔中转移出去。开车程序中没有强调保持进出塔的物料平衡，该塔没有配备其他的仪表来显示塔内的液位。虽然以前也发生过类似事件，但BP公司没有对分馏塔先前的高压和高液位开车事件进行调查，管理人员也没有对装置的操作管理进行检查。

（2）放空罐没有与火炬系统连接。

早在1992年，由于类似装置的放空罐没有与火炬系统相连，被美国职业安全与健康管理局列为不安全因素，阿莫科公司于1994年最后修订的安全标准中明确指出，当设备大修改造时，放空罐应当连接到火炬上去。2002年，出于环境方面的考虑，BP评估了放空罐连接到火炬系统的方案，但是没有实施。事故发生时，精制油分馏塔不具备有效的压力控制系统来减少超压。事故当天不安全的放空罐将极易燃烧的物质直接排放到大气中是事故的主要原因。

（3）活动房处于不安全位置。

通过现场勘察，所有遇难者和大部分重伤者都位于承包商的9个活动房内或四周，活动房的位置距离异构化装置的放空罐仅 37m，过于靠近处理高危险性原料的加工装置。

（4）管理失误与责任。

BP 公司的管理者没有按照 BP 规定要求，保证有一名经验丰富的指挥人员在装置开车现场进行监管。事故当天上午，负责监管的人员因为家中出现紧急情况离开了现场，但没有指派其他人员接替。

3.2.3 事故启示

（1）需要设置冗余液位报警系统。

该油库事故的一个重要原因在于未设置独立或冗余的液位报警或自动防溢油系统，液位计一旦失效将影响报警系统以及液位联动系统。因此，需要设置冗余液位报警系统，并且设置液位联动系统，液位联动系统在物理上应独立于液位控制和监测系统。

（2）严格安全距离管理。

GB 50183—2004《石油天然气工程设计防火规范》对石油天然气站场（管道附属设施）与周围居民居住区（建筑物、构筑物）、相邻厂矿企业、交通线（铁路、公路、电力线路）等的防火间距有明确规定，需要严格认真落实。

（3）加强企业制度管理。

此次事故中部分操作员请假离岗是导致事故后果升级的原因之一。国内油气管道运营部门应该制定严格的企业管理制度，确保企业规范化运作。

3.3 伊朗石油公司油库油罐吸瘪事故

3.3.1 事故经过

2005 年 12 月 12 日下午，伊朗石油公司油库进行发油作业，负责现场作业的指挥员虽进行了人员分工，也布置了作业安全事项，但没有交代要打开测量孔，以弥补呼吸阀呼吸量不足的问题。当发完 2 个油槽车时，工作人员到罐顶检查，发现伞形顶已成扁平形并有一块钢块明显凹陷。工作人员迅速将此事报告现场指挥员，但未引起重视。第二天凌晨 4 时，共发油 12 个油槽车，值班人员再也没有上罐顶检查。司泵员在作业过程中也不看真空表、压力表。直到发完最后一车油料，工作人员到罐顶量油时，才发现油罐罐顶吸瘪，油罐罐顶下陷，中心柱上段折断，37 根支架中有 1 根折断，29 根轻微裂纹。

3.3.2 事故原因分析

（1）人员责任落实不到位。

油库安全规程形同虚设，作业人员责任心不强，业务技术水平低，不能及时发现和正确处理工作中出现的问题。发油作业前指挥员对作业过程中的安全事项交代不清，对发油作业过程中呼吸阀呼吸量不足会引起油罐吸瘪这一关键问题估计不足，尤其是当发完 2 个槽车油料，工作人员发现罐顶凹陷报告后，指挥员还不当一回事，也没有采取任何措施，还是继续发油，野蛮作业，致使罐顶严重受损。

（2）呼吸阀失效。

该油库是个老库，存在严重的安全隐患，呼吸阀的呼吸量与油罐出油流量不相匹配，向油罐内补气量不足会使负压增大。随着油罐使用时间的增加，油罐顶板和壁板由于腐蚀变薄，强度下降，其所能承受负压的能力也在减弱，但呼吸阀控制负压不变，就可能使油罐失稳吸瘪。

3.3.3 事故启示

（1）认真落实油库各项规章制度。伊朗国家能源安全机构颁布了不少规章制度，特别是油库安全工作的规章制度比较详尽。出现这一事故的根本原因在于有章不循。制度不落实是油库安全工作的最大隐患，这一点必须引起足够的重视。

（2）加强油库工作人员事业心、责任心的教育。伊朗部分油料人员事业心、安全责任心有所下降，事故隐患多次发生，所以有必要针对新形势下出现的问题，加大管理教育的力度，确实提高油料人员的责任心。

（3）提高油库工作人员的业务技术水平，目前个别油库管理人员对油料工作常识缺乏应有的了解，因此，应认真抓好油料人员的业务训练。

（4）继续抓好油库设备设施改造。对涉及油库安全的一些老旧设备要突出重点，综合治理，尽快消除安全隐患。对于油库已经发现的隐患，如呼吸阀呼吸量与油罐收发油量不相匹配问题，应尽快解决。

3.4 荷兰 RRP 管道公司油罐罐顶塌陷事故

3.4.1 事故经过

1994 年 7 月 23 日，荷兰 RRP 管道公司的 3 号 $10000m^3$ 原油储罐在蒸罐过程中发生了罐顶塌陷事故。3 号罐是一座立式圆柱形拱顶钢罐，建造于 1978 年 6 月，同年 7 月正式投产运行。该罐公称容积为 $10000m^3$，有效容积为 $9891m^3$，罐底内径 30.138m，罐顶内径 30m，总高度 14.07m，顶部球壳高 3.28m，总重量 186.55t。罐底及下部四圈壁板材质为 16Mn 钢，第五圈以上各圈壁板及罐顶材质为 A3F 钢。

1978 年 6 月 28 日，3 号罐投产前进行水压试验时，位于其西侧的 2 号罐发生原油泄漏，在此施工的工程公司为修补 2 号罐，电焊动火，在 2 号罐与 3 号罐之间引起一场大火。当时正值刮西北风，大火燃烧了 4 个多小时，将 3 号罐中试压用的半罐水烧开，大罐上部未装水部分直接处在大火的烧烤之下。火灾后，在未对该罐做技术检查与质量鉴定的情况下，即匆匆投入运行。在以后的十多年中，先后对该罐进行过 5 次防腐保温作业。此外，还于 1994 年 7 月更换了该罐的加热盘管。

3 号罐蒸罐过程为：7 月 22 日上午 9 时点炉，9 时 30 分供汽，到上午 11 时锅炉压力上升为 0.5MPa，分汽缸温度为 132℃，到下午 5 时压力仍为 0.5MPa，温度上升 145℃。这组运行参数一直保持到 7 月 23 日停炉之前，此间无异常情况发生。

7 月 23 日上午，该地区突降暴雨，并伴有强烈的西风，6 时 45 分，值班人员冒雨巡视时，发现 3 号罐罐顶发生了大面积塌陷。罐顶西部塌陷面积超过罐顶面积的 1/2，中间有一处凹陷（低于罐壁上沿 1m 多），凹坑中有大量积水。拱顶的 46 块瓜皮板有 25 块变形，在塌陷部位的南边有 5 个撕扯开的洞。已卸开的一只阻火器挣断了连接螺栓和牵绳，滚到了罐顶边沿。此时罐顶温度约 40~50℃。由于该罐罐顶大面积塌陷，致使罐顶收缩，而且该罐上半部又未盛液，因此罐壁内倾，罐底板从基础上被拉起，西侧裂开一道长 30m，最宽达 80mm 的缝隙，东侧裂开一道周长约 50m，最宽达 35mm 的缝隙，并将罐前阀室墙壁拉裂。

3.4.2 事故原因分析

通过实地调查和分析各方面情况得到的结论是：该罐罐顶塌陷是由于罐顶带筋

球壳在外载荷的作用下机械结构的稳定遭到破坏所致。罐顶机械结构失稳的原因有以下几方面：

（1）罐顶钢材存在缺陷。1978 年 6 月 28 日，现场大火“煮开”了 3 号罐下半部的试压用水，而上半部特别是西部罐顶、罐壁在烈火的灼烤之下，钢材变形并有退火现象，径向与环向加强筋及壳板的抗弯刚度降低，致使球壳的临界载荷大为降低，这就使罐顶钢材产生了一定的缺陷。带有缺陷的罐顶钢材虽在静载荷下不会发生大的变化，但在动载荷下会发生突变，即使在较低的应力水平下也会产生破坏。

（2）罐顶西部塌陷的主要因素。

①暴风雨是诱发罐顶塌陷的直接因素。在罐顶塌陷前的早晨，罐顶西部受到暴风雨猛烈袭击，油罐的迎风面在风力作用下产生凹陷，以前留下缺陷的西部罐顶的稳定性被进一步降低。

②罐内的负压是诱发事故的根本原因。暴风雨的冲击使该罐内水蒸气温度急剧下降并冷凝，气体体积骤然收缩，形成一定的负压，使抗弯刚度薄弱的西部罐顶被抽塌。这是造成油罐塌顶的最根本原因。

（3）罐顶中央塌陷的原因。经测算，暴雨前油罐内部温度约 100℃，暴雨冲刷后罐温降至 60℃左右。根据查理定律，一定质量的气体在体积不变的条件下，其压力与绝对温度成正比。雨水冲刷使罐内蒸汽温度急剧下降，罐内气体压力也下降，经计算，罐内出现了 1200Pa 的负压值，而油罐设计的负压极限为 196Pa。显然，罐内负压已大大超过了设计负压极限值。罐内蒸汽的体积冷缩量约为 1465m^3，若要避免负压并达到罐内外压力平衡，在同时间里需要进入罐内的补充空气流量应达到 2930~4395m^3/h。但此时罐顶各孔（阻火器、呼吸阀、透光孔、量油孔）虽打开，但覆盖上了竹席，外部空气进入量有限，下部人孔虽开启但盖板仍盖其上（负压会使盖板压得更紧），因此，空气是进不去的。而此时只有清扫孔开启了 10cm，补充的空气极为有限。在罐内负压形成的同时，罐外大气压已达到罐顶不能承受的程度，其薄弱部位自然会被抽塌。

3.4.3 事故启示

（1）增强对自然灾害的防范意识。虽然该公司已经清过 14 座大型原油储罐，在该次清罐中也制定了技术措施和安全规程，但对可能发生的规范外的特殊情况，如暴风雨等，缺乏预见和防范措施。因此，进行类似清罐作业的单位，今后有必要掌握清罐期间的天气预报情况。对于一切使用大型原油及成品油储罐的企业，不但在清罐、蒸罐时要防止暴风雨对油罐形成负压造成塌陷的危害，而且还要防止夏季阳光直接暴晒油罐，因为罐内充满油蒸气时，若遇突然而至的暴雨，也会使油蒸气骤然冷凝形成负压，造成储罐被抽扁或塌陷。这就要求罐顶呼吸阀一定要动作灵活，进气量充足。

（2）对储罐（尤其是受过损伤的储罐）必须进行检测和评定。3 号罐是受过大火灼烧并严重损伤的油罐，但事后未进行任何检测与鉴定，也未进行检修就投入运行，这就为以后使用管理留下了事故隐患。

3.5 荷兰阿姆斯特丹炼油厂油罐抽瘪事故

3.5.1 事故经过

荷兰阿姆斯特丹炼油厂 5000m^3 钢质拱顶储罐施工过程中，在做正压试验时，罐体上部造成三处不同程度的抽瘪事故。

储罐基本情况：储罐的容积为 5000m^3，直径 22.6m，高 13.949m，用于储存汽油，材质为 A3 钢（壁厚 12mm）。操作压力：正压 200mmH_2O；真空度 50mmH_2O。试验压力：正压 300mmH_2O（罐内充满水）；负压 –180mmH_2O。拱顶开口：DN50mm、DN150mm、DN250mm、DN500mm 开孔各一个。

事故经过及损坏情况：1989 年 7 月 27 日下午，准备对储罐作正压试验，当水加到 1280mm 高度时，停止上水并封闭拱顶所有开口。16 时 30 分左右，突然下雨，正压试验无法进行，施工人员关闭了进水管线的入口阀门，罐中的水没有放出。雨持续了几个小时，至 21 时左右，位于 11000mm 高度处的部分罐壁被抽瘪。被抽瘪部分环向长度 4.5m，纵向长度 5.2m，凹陷最大深度 0.54m。

3.5.2 事故原因分析

呼吸阀阻塞失效。事故发生时储罐呼吸阀未能起到通风作用。经计算表明，下雨后储罐抽瘪的罐内瞬时压力为 4kPa；在考虑风载荷情况下，储罐抽瘪时罐壁承受外压达到了4512Pa（460.1kgf/cm^2），而储罐失稳的临界压力Pct为273.4Pa（27.88kgf/cm^2）。下雨时气温下降，储罐内气体收缩，在储罐内形成负压，此时罐壁承受较大外压力的作用。这一外载荷大于储罐的临界压力16.5倍，是储罐被抽瘪的主要原因。对于立式圆柱形固定顶大型储罐，通常在空罐或储液不多的情况下极易受强风作用在迎风面上发生罐壁凹瘪现象。

3.5.3 事故启示

（1）要保证储罐安全运行，首先要抓好施工质量，因此在施工时一定要严格执行施工规范。对于投用的大型储罐，在运行中也会发生负压和风载荷联合作用而失稳的现象，因此在操作中必须严格遵守操作规程，认真巡检，特别是北方在冬季呼吸阀容易结霜堵塞，当出现空罐或罐内储液不多时，一定要保证呼吸阀等安全附件灵敏好用，以防罐内形成负压造成储罐失稳。

（2）在大风、雷暴雨、气温快速下降等情况下，应停止油罐试压、清洗、收发油等作业，打开油罐呼吸阀，防止由于温度骤降而导致油罐失稳。

3.6 德国鲁尔石油公司油库油罐浮盘塌陷事故

3.6.1 事故经过

德国鲁尔石油公司油库建于1991年，其10000m^{3}油罐全部采用组装式浮盘。1997年6月发现11号、12号原油罐的部分浮盘塌陷。油库的11号、12号油罐是1992年1月投产的，主要储存原油，浮盘塌陷后，经清罐检查发现：

（1）11号、12号油罐的浮盘东北面的立柱倾斜，使浮盘的东北面大面积塌陷。

（2）11号、12号油罐的浮筒散落较为严重，油罐进口处的浮盘被撕裂。

（3）浮盘防转装置的护罩被防转钢丝磨出5mm的深槽。

（4）两罐的浮盘密封不能起到密封作用。

3.6.2 事故原因分析

事故发生后，进行了认真的调查分析，导致事故的原因是：

(1) 储存原油较轻，密度在790~800kg/m^{3}之间，含气量较大。在进油时，由于气体的作用，浮盘摆动较大，使防转装置磨出深槽。

（2）油罐的进油放散管的长度不够。在进油口处气体含量较大，气体从密封处漏出并带少量的原油，长此以往就会造成浮上的油污越来越多，最终使密封遭损坏。

（3）由于浮盘经常晃动，使部分螺栓松动，浮盘连接处的分卡子脱落，浮筒散落。

（4）铝浮盘的最低高度为 1.8m，而发油时液面常低于 1.8m，下落的浮盘发生倾斜，部分支架也倾斜，致使浮盘塌陷。

3.6.3 事故启示

根据以上分析，造成浮盘塌陷的主要原因是原油含气量较大，这是原油的性质决定的，是不可改变的，只有通过改进浮盘及油罐来解决浮盘塌陷问题。

（1）为了使油罐中的气体在一定压力下及时排出，在浮盘安装两只呼吸阀。

（2）原有的油罐放散管是 ϕ426mm×13mm，长 1.5m，为了使原油从罐的中央进入，重新安装了 ϕ426mm×13mm、长 8m 的放散管，并在放散管上加工多个 410mm 的小孔，使油气均匀地分散于浮盘下。

（3）将浮盘的支柱用角铝合金连接，组装螺栓采用双螺母，增强浮盘的坚固性。

（4）要求在操作时油罐的最低液位为 2.02m。

通过采取上述措施，油罐再次投入使用后，观察进出油情况，浮盘没有出现大幅度的晃动，升降平稳。

3.7 Enbridge 管道公司原油储罐排水球阀失效事故

3.7.1 事故经过

2017 年 3 月 20 日，在大约 14 时 45 分进行的一次例行核查时，Enbridge 管道公司的现场工作人员在流经该公司北埃德蒙顿油库的一条未命名的小溪水面中发现有一层油性光泽。该油库位于亚伯达埃德蒙顿市东边 Sherwood 公园的石油化工区。

Enbridge公司的工作人员立即电话通知现场管道协调员这一发现。14时48分，维修协调员通过电话向Enbridge控制中心报告了情况。作为初步响应行动的一部分，Enbridge控制中心确定了该地区可能出现产品泄漏的设施。在14时52分时，开始预防性地关闭附近的一条工艺管道和油品接收汇管管道。整个过程，Enbridge控制中心都没有接收到任何泄漏报警。

大约在15时00分，维修协调员来到现场，观察到产品从二级防护堤的排水系统出口流出。这条排水系统管道能够排放累积在7号储罐二级防护堤中的雨水，7号储罐为埃德蒙顿北端的石油储罐区。在试图操控排水阀门后，维修协调员确定阀门已经被关闭。然而，发现产品继续从防护堤排水系统流出。

二级防护堤排水系统（即排水管和水闸阀门）是二级围护系统的组成部分，根据法规要求，排水系统必须达到预期的工作条件并保持液体不渗透。

7号储罐的防护堤内收集的地表水和雨水会根据要求由位于储罐西北角的雨水排水管人工排入小溪（图3.1）。该排水管长约15m，直径约0.2m，向北倾斜约4度朝向小溪。排水管上配备一个安装在法兰上的单闸阀门，位于排水管的出口处。排水管很可能是在原堤修建时安装的，水闸阀门安装于2012年。

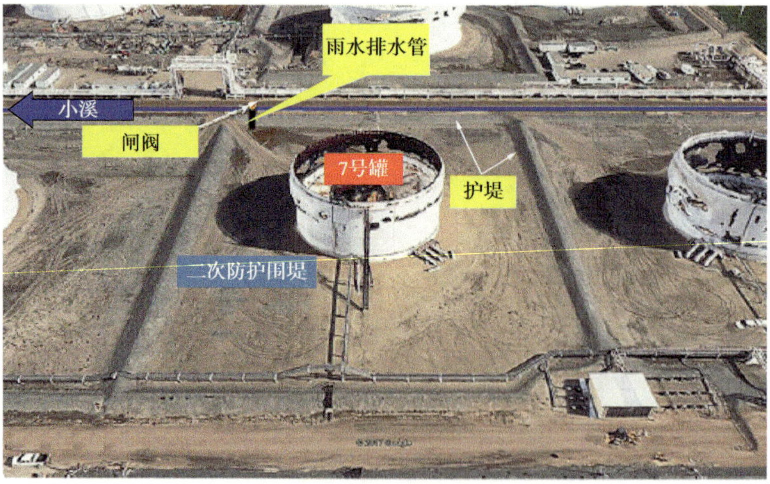

图3.1　防护堤排水系统

7号储罐还配备一个排水系统。该系统由一系列小直径的管道和相应的阀门组成，设计旨在定期抽取可能已经分离并沉淀在储罐底部的水。根据操作要求，可执行手动或自动抽排水。排水系统的主要组成部分如图3.2所示。

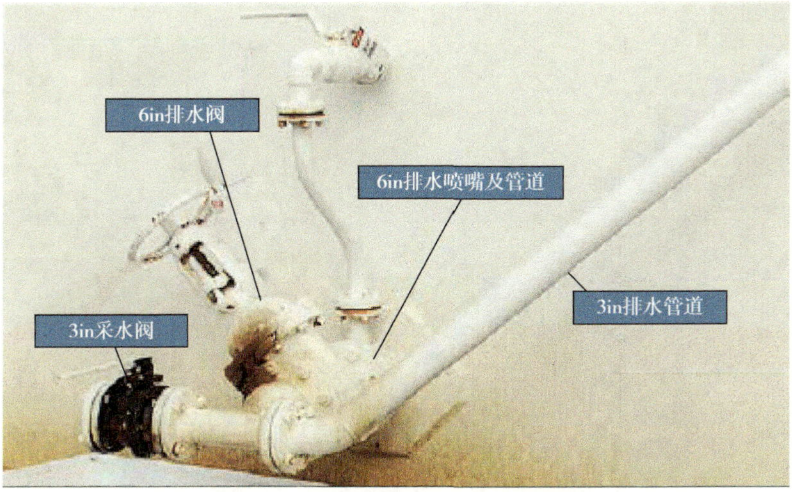

图 3.2 7 号储罐排水系统的主要部件

大约在 15 时 10 分，维修协调员和 Enbridge 公司的其他人员对该地区进行了目视调查。观察到有大量产品从 7 号储罐的阀体衬垫中溢出。大约在 15 时 13 分时，维修协调员向 Enbridge 控制中心报告了该情况。在 15 时 16 分时，Enbridge 控制中心开始对注入 7 号储罐的产品进行转移。

在 15 时 20 分到 15 时 25 分之间，Enbridge 工作人员拧紧泄漏阀的阀体螺栓，显著降低了泄漏。大约在 15 时 30 分，Enbridge 现场工作人员人工关闭另一个上游的阀门堵住了泄漏。在 15 时 31 分，Enbridge 控制中心开始关闭 7 号储罐。15 时 39 分时储罐被关闭和隔离。

在 15 时 42 分，Enbridge 通知下游附近设施的运营商泄漏的发生。运营商立即转移小溪中注入的地表水流到二级防护堤中。

大约在 15 时 45 分，Enbridge 的应急响应计划和事故指挥系统启动。在 18 时 00 分和 19 时 5 分，Enbridge 公司发布了多项通知，包括当地、省和联邦实体，以及其他可能受到此类事件影响的公司，没有人员伤亡，也不需要撤离。

3.7.2 事故原因分析

（1）储罐排水阀门失效。

储罐中央排水系统的球阀和法兰之间的垫圈发生位移导致泄漏，垫圈位移是由于进入冬季后，球阀内积水没有排出，冻结后膨胀导致球阀和法兰之间出现缝隙。大约 $10m^3$ 的产品从阀门法兰中泄漏并进入储罐的二级防护堤中（图 3.3 和图 3.4）。

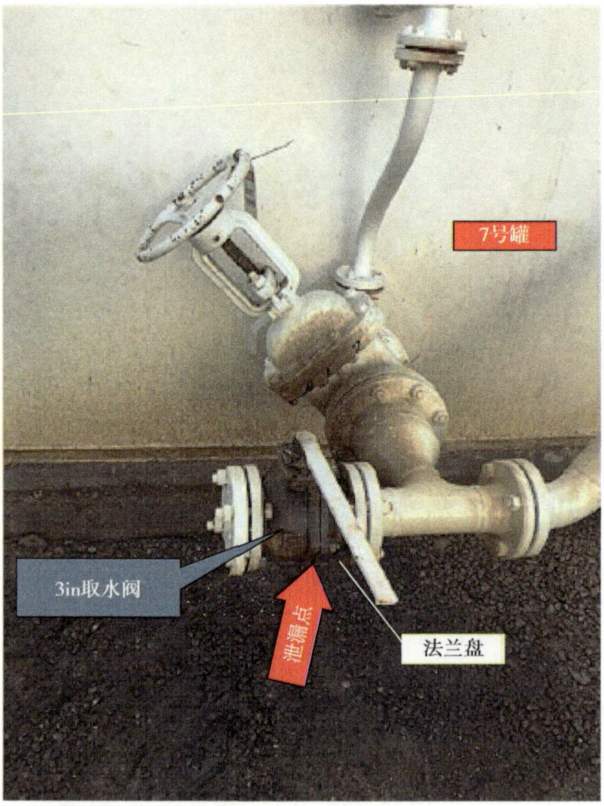

图 3.3　7 号储罐排水系统排水球阀泄漏位置

图 3.4　移动的垫圈

（2）防护堤水闸失效。

油品泄漏后进入二级围护堤内，但围护堤内排水系统的排水闸阀座由于受到腐蚀导致泄漏，防护堤中所含的约 3m^3 的产品通过防护堤的雨水排水系统进入小溪。该排水系统由管径约 0.2m 排水管组成，配有直径为 0.2m 的水闸阀门（图 3.5）。

图 3.5 带水闸阀门的雨水排水管

（3）防护堤排水管道泄漏。

防护堤排水管未进行防腐处理，加之焊接质量较差，焊缝处存在缺陷，经长时间腐蚀后形成 4 处点蚀孔，排水管中积水冻结后导致点蚀扩大为 285mm 裂缝，部分油品由此泄漏（图 3.6）。

图 3.6 排水管纵向焊缝处的裂缝

（4）控制中心泄漏报警失效。

Enbridge 管道公司的现场工作人员在事故当天大约 14 时 45 分进行的一次例行

检查中发现在流经该公司北埃德蒙顿油库的一条未命名的小溪水面出现溢油。一直到现场工作人员通过电话通知 Enbridge 控制中心，控制中心在 14 时 52 分确定了该地区可能出现产品泄漏的设施，开始预防性地关闭附近的一条工艺管道和油品接收汇管管道。整个过程中，Enbridge 控制中心都没有接收到任何泄漏报警。

3.7.3 事故启示

（1）加强储罐及其二级防护系统的完整性检测和安全检查。

制定详细的检测程序用于协助检测人员评估储罐及其防护堤系统的安全状况。检测内容包括储罐及其排水系统的阀门、阀座、法兰等附件的目视检查，并对二级防护堤的排水系统进行定期安全检查。

（2）制定严格的储罐及其二级安全防护系统的维护保养周期。

国内大多数石油石化企业目前仍采用 SY/T 5921—2017《立式圆筒形钢制焊接油罐操作维护修理规范》条款 4 对维护保养周期的规定：维护保养分为日常维护保养、季度维护保养和年度维护保养。针对储罐及其附属设施维护检测，Enbridge 公司按照 API 653 标准对储罐二级防护堤进行了定期检查和测试，API 653 规定了最低的检测要求。并且 Enbridge 公司制定的定期测试周期为每月、每年、5 年一次以及 10–30 年一次的检查。此外，现场工作人员每天至少要对该油库进行两次目视检查。

因此，建议国内油气管道运营部门借鉴此次事故发生的经验教训，开展储罐及其二级安全防护堤的完整性检测。定期检测周期建议为每月、每年、5 年一次以及 10–30 年一次的检查。此外，现场工作人员每天至少要对该油库进行两次目视检查。

（3）加装或改进储罐的泄漏监测系统，确保在储罐出现泄漏时能及时发出泄漏报警信号。

3.8 哥伦比亚 Caribbean Petroleum 公司成品油储罐设备失效爆炸事故

3.8.1 事故经过

2009 年 10 月 21 日，一艘油轮抵达哥伦比亚 CAPECO 陆上油库码头，油库计划将该批汽油输送至四个较小的储罐（405 号、504 号、409 号和 411 号罐），并将剩余汽油输送至 107 号储罐，预计灌装时间超过 24 小时。

10 月 22 日中午刚过，开始卸油作业，首先 411 号储罐的阀门完全打开，之后计划依次打开其他罐进罐阀，但操作员在观察到 504 罐液位计因物理原因卡住后，关闭了 504 号储罐的阀门。随后，操作员完全打开 409 号储罐上的阀门，并部分打开 411 号储罐上的阀门，以每分钟 7000gal 以上的流速将汽油导入 409 号储罐，并允许少量的汽油流入 411 号储罐。18 时 30 分左右，操作员手动计算得出，409 号储罐将在晚上 9 点到 10 点期间达到最大灌装量，因为这个时间正好处于交接班时间内。为避免交接班过程中出现复杂情况，操作员完全打开 411 号储罐上的阀门，并几乎完全关闭 409 号储罐上的阀门。

由于液位传感器经常发生故障，该油库操作员通常不依赖计算机上显示的信息，而是手动记录每小时液位计的读数。但事故当晚，409 号储罐上的液位传感器没有向计算机发送液位数据测量值。晚上 10 点，当 411 号储罐达到最大容量并关闭时，操作员完全打开 409 号储罐上的阀门。随后，一名操作员读取了 409 号储罐罐侧机械液位计上的液位值，并向他的主管汇报，主管估计该储罐将在凌晨 1 点达到最大容量。

夜间 11 点的巡视中，罐区操作员在每小时检查中对 409 号储罐罐侧液位计进行了观察。操作员将液位数据电话告知主管，主管再次计算出该储罐应在凌晨 1 点装满；但是，在晚上 11 点到深夜 12 点之间，409 号储罐就开始发生溢油。在深夜 12 点的检查中，操作员注意到地面和 504 号、411 号和 409 号储罐沿线的道路上有雾。燃料从通风口涌出，产生一股汽油雾，形成蒸汽云，汇集在第二道围堰中。他联系码头操作员，停止卸油作业，并通知油库操作员及其主管在末站西端见面。虽然照明不足，他们也发现了离地面大约 3ft 的地方存在白雾，但由于照明不足和罐区地形原因，他们无法听到或看到汽油从 409 号储罐的通风口溢出，因此并未第一时间发现泄漏源。当他们接近白雾时，他们发现随着白雾在他们的手上凝结，气温发生下降，尽管外界温度是 79℉。在意识到潜在的危险后，主管将一名操作员派往安全门，同时主管和另一名操作员则驱车在设施周围寻找泄漏源，这时蒸汽云已经开始扩散。

2009 年 10 月 23 日深夜 12 点 23 分，油库上方蒸汽云起火，起火后大约 7s，蒸汽云发生爆炸，产生的压力波对距离现场 1.25mile 以内的数百个家庭和企业造成了破坏。大火通过蒸汽云传播，引发了多起后续储罐爆炸，爆炸强度达到里氏 2.9 级。

爆炸发生后，受损储罐中的燃料燃烧了两天多，同时应急响应人员努力控制火势，防止其他储罐着火。这场大火对波多黎各自治邦和美国大陆的应急响应人员和资源带来了巨大考验。爆炸发生后，当地消防部门在一家工业消防公司的协助下，花了 66 个小时扑灭了大火。最终，48 个储罐中有 17 个储罐被烧毁（图 3.7 和图 3.8）。

图 3.7　2009 年 10 月 23 日，CAPECO 发生多起罐区火灾

图 3.8　2009 年 10 月 23 日事件发生后爆炸和多起储罐火灾所带来的影响

3.8.2 事故原因分析

（1）液位计监测系统失效。

该油库储罐设置有一套机械浮球钢带液位计，通过传感器将液位信息传送至站控系统，但是由于该地区经常发生雷击停电，液位传感器常常发生故障，站控室经常无法实时获取储罐液位数据，因此该油库通常通过人工记录罐侧液位计数值估计灌装速率和时间。事故发生当天，执行卸油作业的504号罐和409号罐机械液位计均发生卡阻失效，操作员发现了504号罐的液位计失效，并未及时发现409号罐液位计失效，因此在估算灌装时间时出现误判，导致溢油事故。

（2）未设置液位联动系统。

该油罐只设置了高高液位报警，并未设置高高液位连锁关断进罐阀，而是在站控室发现储罐液位报警后人为进行停止输送作业。409号储罐缺少独立高液位警报。没有安全警报和相关的紧急响应程序，罐区操作员只能依靠错误的液位控制和监测系统来检测409号储罐的溢油情形。

（3）灌装作业程序设置不规范。

该油库执行卸油作业时，是多个储罐同时进行灌装，但却没有规定同时灌装多个储罐的作业程序，而每个储罐进罐阀门打开程度又不尽相同，导致在人工计算灌装速度和时间时出现误差，409号罐预计在凌晨1点装满，却在11点左右就发生了溢油。

（4）未设置有效的流量监测设备。

进入末站的燃料卸货流速仅由油轮上人员进行控制。双方必须在计划部沟通的分配时间内完成灌装作业，否则将面临罚款。在灌装作业期间，驳船和储罐之间的流速变化是正常的。但是，油库站控室无法通过实时流量计获取管线流速信息，因此工作人员无法准确计算储罐灌装时间。该次卸油作业的汽油流速是在灌装作业开始前的会议上双方确定的。但在执行卸油作业时流速和压力出现波动，加之双方未能及时沟通，间接导致在人工估算灌装时间时出现偏差。

（5）罐区照明不足。

事故当晚，由于照明不足，操作员看不到储罐溢油或蒸汽云形成。罐区的照明有限；因此，操作员使用手电筒来监视罐区的活动，并通过罐侧液位计来读取液位。事故当晚，虽然操作员使用了手电筒，但这不足以监控异常活动，未能及时发现储罐溢油或蒸汽云形成。

（6）未设置远程控制进罐阀。

该油库卸载汽油的阀门是手动操作的，尺寸在 16~20in。来自码头的管线中的压力高达 125psig，这使得打开阀门变得困难。为了使储罐之间的汽油流向改变更加容易，操作员在进行灌装作业时通常完全打开一个储罐的入口阀，并微开下一个等待灌装的储罐的入口阀，这样在上一个储罐达到目标液位后，微开入口阀有助于打开下一个储罐的阀门。当两个阀门都打开时，进入各个储罐的流速会有所不同，这使得很难确定所需的准确灌装时间。

3.8.3 事故启示

（1）完善液位控制及监视系统。

该油库事故的一个重要原因在于未设置独立或冗余的液位报警或自动防溢油系统，美国 NFPA 30 只规定在储罐上设置一层防护的要求，以及计量一致性要求；同时，从政府管理机构层面和管道公司层面也缺乏一个能全面覆盖储罐末站安全操作的行业标准或程序性文件，包括储罐灌装作业和防溢油安全操作程序。因此，需要设置冗余液位报警系统，并且设置液位联动系统，液位联动系统在物理上应独立于液位控制和监测系统。

（2）规范油库作业流程。

对于油库作业需要制定规范的作业流程，并且为重要作业流程配备足够的人员。

（3）加强罐区照明。

罐区照明应覆盖全部储罐灌顶以及防火堤内区域，当罐区四周高杆灯照明不能满足要求时，可适当在罐区内加装满足防爆要求的照明设施。

3.9 美国 Centurion 管道公司储罐搅拌器失效事故

3.9.1 事故经过

2015 年 8 月 1 日，Centurion 管道公司测量专员开始了每月在沃森站对储罐进行计量的工作，并于上午 8 时 15 分左右完成了这项工作。在此期间，并没有在

6830 号储罐周围发现原油产品泄漏。当天晚上 10 时 40 分，CCC（CEN turion 控制中心）发现了通信故障，于是立即打电话给仪表技术员。

当天午夜过后不久，仪表技术员抵达沃森站。仪表技术员在现场对可编程序逻辑控制器（PLC）进行循环设置，先将其“关闭”，然后再“开启”。仪表技术员与 CCC 确认通信已经恢复，并且确认可以再次远程监控储罐液位计量。当仪表技术员在现场时，并没有迹象表明搅拌机泄漏。仪表技术员在 2015 年 8 月 2 日凌晨 1 时 55 分后离开现场。

2015 年 8 月 2 日，上午 7 时 10 分左右，CCC 再次联系了测量专员，并表示 6719 号储罐的电动阀（mOV24067）打不开。大约上午 7 时 43 分，测量专员到达了沃森站，证实了储罐的电动阀没有动力，闻到了原油的味道，并在调查后发现 6830 号储罐的搅拌器有产品泄漏，测量专员开始了应急响应行动和通知。

3.9.2 事故原因分析

（1）储罐搅拌器密封轴承失效。

CEN turion 公司人员针对搅拌器进行了失效调查。调查发现，事故发生是由费城弯刀搅拌机上的一个永久性密封轴承失效引起，搅拌器设计并非造成此次事故的因素（图 3.9 和图 3.10）。

（2）SCADA 系统未能发出泄漏报警信号。

在事故调查过程中，根据储罐操作员的说法，储罐泄漏引起的体积减小和压力下降不足以引发 SCADA 系统发出泄漏报警信号。

图 3.9 搅拌器图

图 3.10 搅拌器损坏部位图

3.9.3 事故启示

（1）加强储罐附件的维护检修。

虽然此次事故主要原因在于储罐搅拌器失效，但储罐附属的设备种类和数量众多，附件失效之后也会造成较为严重的泄漏事故。因此，建议国内油气管道运营部门重视储罐附件的维护检修，针对储罐搅拌器、阻火器、排水管、罐支柱、进出油阀门等储罐附件维护检修，开展储罐附件的维护检修周期和维护检修内容的适用性研究。

（2）安装独立的储罐泄漏监测系统。

此次事故中的储罐依赖 SCADA 系统进行泄漏监测，但由于储罐泄漏引起的体积变化和压力下降并未触发 SCADA 系统报警，因此建议在储罐上加装独立的泄漏监测系统。

3.10 挪威 Vest Tank 公司储罐自燃爆炸事故

3.10.1 事故经过

2007 年 5 月 24 日 Vesttank AS 公司的储罐设备发生爆炸。该公司的储罐设备主要用于处理航运和离岸部门的废水。下图显示了事故发生前储罐设备的布设。第一次爆炸在早上 10 点左右，发生爆炸的储罐为 T3 储罐；爆炸和火灾摧毁了第二储罐区的办公楼和一些位于储罐区外的油罐车。

从 2006 年 10 月到 2007 年 3 月，Vesttank 公司定期处理一种焦化汽油，以减少含硫成分，特别是硫醇的含量。所采取的方法是使用氢氧化钠水溶液将其溶解，该方法的基本化学原理是硫醇在氢氧化钠和水（苛性钠）在碱性溶液中具有较高的溶解度。在两个常压储罐 T3 和 T4 中进行的处理过程导致固体废物沉淀，随着时间积累在储罐底部。溶解或沉淀的废物的量最终达到不再能够处理焦化汽油的罐装载量的水平（图 3.11）。

事故发生时的流程将沉淀的废物溶解在储罐 T3 中，同时通过加入盐酸降低碱性溶液中的 pH 值。Vesttank 已经在小规模试验中测试了这个过程，第一个大规模过程于 2007 年 5 月 23 日星期三下午开始。

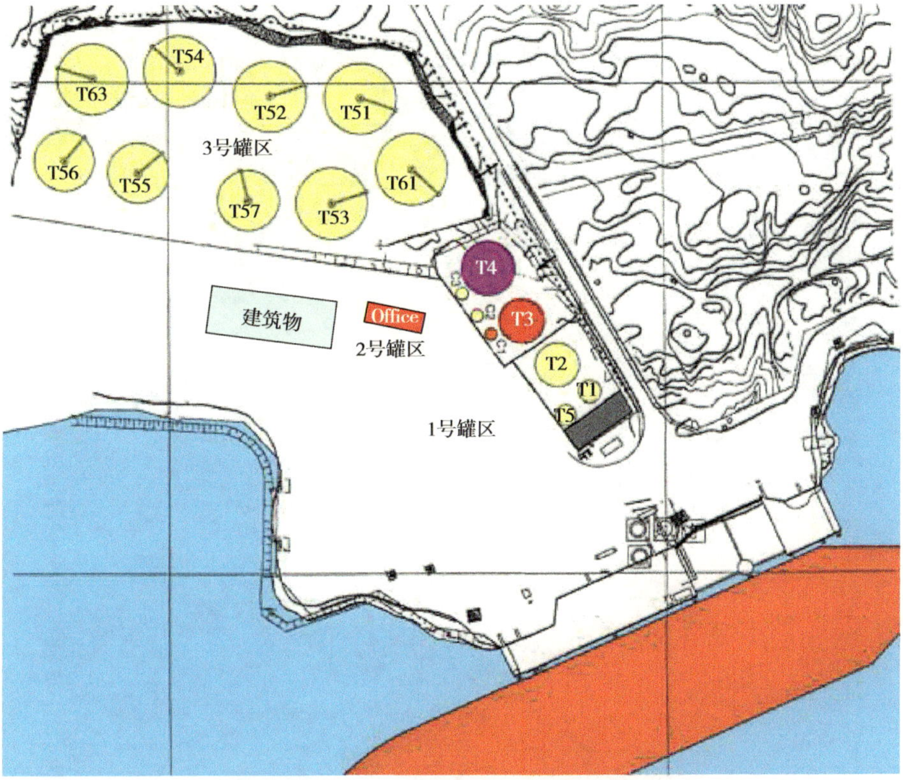

图 3.11　2007 年 5 月 24 日事故发生前 Vesttank 设备示意图

向储罐 T3 中的碱性溶液加入盐酸导致硫醇的溶解度显著降低，并导致溶液中其他化学平衡的置换。焦化汽油和 / 或类似化学化合物也可能与碱性溶液分离并形成薄的易燃液体表面层，其蒸发并与储罐内的空气混合。这种硫醇和易燃蒸汽的释放导致形成易燃混合物。易燃混合物最初可能限于液体表面正上方的区域，但随着从溶液中释放出更多的气体或蒸汽，易燃混合物的含量逐渐增加，直至其覆盖整个容器，最后还有储罐顶部的空气过滤器。

为了限制含有恶臭硫的组分的释放，该储罐配备有活性炭的空气过滤器。通过过滤介质吸附硫醇和其他烃导致活性炭颗粒的自燃。5 月 24 日星期四上午 10 点左右，空气过滤器下部的活性炭颗粒或热金属表面的发光粒子点燃了储罐中的易燃混合物，然后火焰通过连接储罐和过滤器的柔性软管传播，储罐发生爆炸。

储罐 T3 的第一次爆炸迅速引发其他储罐的爆炸，以及整个储罐区的火灾，并波及办公楼和附近停放的三辆油罐车。图 3.12 显示了 2007 年 5 月 24 日事故发生后第二储罐区的损坏情况：

图 3.12 储罐区 II 损坏情况（鸟瞰图）

3.10.2 事故原因分析

（1）储罐内残留的油品挥发形成易燃蒸汽

T3 储罐在注入盐酸溶液之前，残留部分焦化汽油，经过处理的焦化汽油中硫醇的初始含量相对较高，在用氢氧化钠降低焦化汽油中硫醇含量的过程中形成的碱性固体沉淀剂，在注入盐酸溶液之后发生化学反应，形成易燃气体混合物。易燃气体混合物最初可能限于液体表面正上方的区域，但随着从溶液中释放出更多的气体或蒸汽，易燃混合物的含量逐渐增加，直至其覆盖整个容器，最后还有储罐顶部的空气过滤器。

（2）T3 储罐的空气过滤器（活性炭吸附罐）内介质自燃起火

T3 储罐的空气过滤器具有活性炭，活性炭颗粒表面吸附含硫烃或可以产生足够热量的过滤介质而发生自燃，自燃的活性炭颗粒或以及过滤器热金属表面的发光粒子点燃了储罐中的易燃混合物，然后火焰通过连接储罐和过滤器的柔性软管传播，储罐发生爆炸。

3.10.3 事故启示

（1）储罐和活性炭吸附罐之间应至少安装一个阻火器。

（2）活性炭吸附罐应安装在过滤介质自燃时可轻松更换的位置，但不能在储罐顶部。

（3）安装适当的传感器监测设备监测活性炭吸附罐内过滤介质的温度，警报能够表明可能发生的自燃和 / 或发光燃烧，同一系统可以触发自动抑制系统。

（4）在活性炭吸附罐上设置适当尺寸的通风口释放压力，降低潜在爆炸的风险。

3.11 伊拉克国家石油公司炼油厂油罐爆炸事故

3.11.1 事故经过

1962 年，伊拉克海湾沿岸国家石油公司的大型炼油厂内发生着火和爆炸，损失了一座 12718.4m^3（8000 桶）容量的成品汽油罐。

该油罐底部发现一个漏洞，正准备进行修理。油罐已用泵抽空，管线上装了盲板，在油泥中还有少量产品，不能用泵从油罐抽出来。油罐顶部的人孔和量油孔以及油罐底部的 4 个人孔全都打开，在爆炸时该罐正在用空气鼓风机吹扫。这台鼓风机是由一台 440V 防爆电机驱动，鼓风机安装在一个木头架上，正在往北侧的人孔鼓风。电动机和油罐都正确接地，鼓风机在下午 3 时 30 分启动，爆炸发生在下午 7 时 25 分，机旁无人。此时从东南方吹来的风速为 6.4~8km/h（4~5mile/h），天空晴朗，气温是 26.7℃（80℉）。

该鼓风机已使用 25~30 年，爆炸发生后从制造厂家了解到这台鼓风机的最大转速为 3160r/min，驱动鼓风机的 3675W（5hp）的电动机额定全负荷转速为 3480r/min。

爆炸后，在油罐里找到了鼓风机的一个叶片，另有一个叶片仍留在鼓风机壳中，还有 2 个叶片没有找到。未支撑的轴弯曲，有证据表明脱落了叶片之后的轴碰撞鼓风机壳体，这可能引起摩擦火花或者金属发热达到汽油蒸气的着火点。还有可能，在油罐里找到的那个叶片可能撞击了油罐的某个位置，产生了火花，点燃了汽油蒸气，但这种可能性较小。还不能确定叶片损坏和爆炸发生的时间间隔有多长。油罐的部分顶盖炸开，下落时把北面的一部分罐壁砸扁。虽然罐底部的汽油继续燃烧了大约 1h，但火烧时间很短。

3.11.2 事故原因分析

机械通风风扇扇叶脱落引起火花。用于吹扫油罐的方法是依据 API 公报第 2016 号《清洗汽油罐》。该公报指出："另一种机械通风手段要求使用电动鼓风机或者电风扇，在地面上把风送到罐壁人孔内，如果用该方法，设备应该是防爆的，如果不是防爆型的，该设备应装在远离油气可能达到的地方，油罐通风设备安装位置将按当地条件考虑决定"。鼓风机的位置放在油罐的上风侧是否就有助于防止爆炸是值得怀疑的，因为当时测到的风速很小。

这次爆炸的直接原因是鼓风机上配的电机转速比鼓风机的推荐转速大。这次爆炸说明按照制造厂的推荐来使用设备的重要性。如果风扇设计转速曾经进行检查，使用正确转速的电机，也就避免了爆炸。设备是按照指定的条件设计的，当不符合这些条件时将会遇到麻烦，这一点对于如起重机、电梯、砂轮、电缆和链条等是尤其正确的。

另一点，这一事件表明要定期对设备进行检查，不管设备安全运行了多长时间，也不能对它完全相信，除非在使用前和运转期间经常进行检查。虽然风扇在这种情况只造成爆炸，但如果事故发生时有职工在场，就会造成人员伤亡。

3.11.3 事故启示

罐区照明、通风等附属设备应严格按照防爆要求安装并运行，并定期检查其可靠性，不可违规改装或更换部件。

4 静电与雷击事故案例

4.1 美国俄克拉荷马州 Glenpool 储油罐爆炸事故

4.1.1 事故经过

事故发生当天下午，11 号储罐里大约有 8710 桶汽油。事故发生时正在值班的康菲石油公司操作员说“2003 年 4 月 7 日下午 3 点 30 分左右，她到格伦普尔站报到上班，当时康菲石油公司附近的格伦普尔南油库的 11 号储罐正在向格伦普尔站发送汽油产品。”Explorer 管道公司计划在晚上 8 时 30 分左右将一批柴油送入 11 号储罐。在此之前，操作员需要完成将汽油转运到格伦普尔站的工作，并移除留在管汇系统和 11 号储罐管道中的汽油产品。管道中的汽油将被转移到格伦普尔南油库的 12 号储罐。

下午 4 时 30 分左右，操作员去了格伦普尔南油库，开始把汽油从汇管转移到 12 号储罐。汽油从 11 号储罐转移到格伦普尔站后，下午 5 时 33 分左右，操作员把储罐管道里的汽油转移到 12 号储罐。

当所有的转移都完成时，大约下午 6 时 10 分，操作员将阀门调节好，以便 11 号储罐能从 Explorer 管道公司的设备接收柴油产品。康菲石油公司的代表告诉调查人员，尽管在转移工作结束后 11 号储罐以及支管里没有留下汽油，但是有约 55 桶汽油留在了 11 号储罐沉积槽里，沉积槽位于槽底板与直径 30 英寸的注入管 / 排放管底部（约在槽底板以上 21in）之间。

2003 年 4 月 7 日下午 6 时 15 分左右，康菲石油公司的操作员来到 Explorer 格伦普尔油库的办公室，与 Explorer 公司操作员进行了交谈。康菲石油公司与 Explorer 确认，此次进入 11 号储罐的是一批 24500bbl 的柴油，当时柴油进入的时候储罐是空的（除了沉积槽里的剩余汽油）。柴油是从 Explorer 直径 28in 的管道输送的，在经过 Explorer 格伦普尔的设施对柴油进行测量和取样后，柴油将继续通过 Explorer 直径 24in 的管道输送到康菲石油公司直径 30in 的管道，然后进入 11 号储罐。康菲石油公司操作员还证实，其最大允许填充量为 75079bbl。随后，康菲石油公司的操作员在 Explorer 站场里打开了两个阀门以便安排柴油输送。当 Explorer 管道公司控制室的人员打开输送阀时，向康菲石油公司的柴油输送就开始了。除了打开输送阀外，康菲石油公司操作员还负责将包括 Explorer 站场区域两个阀门在内的阀门调整好。下午 6 时 30 分左右，阀门调节工作完成后，康菲石油公司的操作员回到了格伦普尔站。

下午 8 时 33 分左右，Explorer 将柴油输送切换为输送到服务于康菲石油公司的管道，其初始充装流速为 2.33~2.66m/s [每小时（2.4~2.75）$\times 10^4$bbl]。康菲石油公司操作员表示就在晚上 8 时 55 分左右，11 号储罐就发生了高液位报警。这一点非常奇怪，因为柴油输送才刚刚开始，而且 11 号储罐已经空了。

在格伦普尔油库的 Explorer 操作员说他看到了一个火球，但当时他正在操作油泵，并没有听到爆炸声。他回到自己的卡车上并开车到了 Explorer 控制室，打电话给 Explorer 中央控制调度员。然后他开着卡车向火灾方向开去，以确认火灾的位置。后来得到确定，在晚上 8 时 55 分左右，在柴油往 11 号储罐输送大约 22min 后，储罐就爆炸了。固定顶与罐体分离，被吹向了北边并叠在了一起，落在已经坍塌的储罐壁上（图 4.1 和图 4.2）。

图 4.1　事故现场图

图 4.2 11 号储罐残骸图

美国电力公司（American Electric Power，AEP）的电线杆位于油库东面，与环绕油库的防护堤隔着一堵墙。电力设施包括三根导线和两根屏蔽线，由两根木杆上的一根横杆支撑。就在 4 月 8 日早上 6 时之前，这些杆子上的一根或多根电线掉到了地上。随后，11 号储罐北面防护堤内未燃烧过的柴油就发生了火灾（图 4.3）。

图 4.3 电线掉落

2003 年 4 月 8 日上午 6 时 10 分左右，防护堤内 7 号和 8 号储罐之间的地面工艺管道被电力线路引发的大火吞没，由于火灾，管道中的一个绝缘法兰组件失效，使得受压的原油通过松动的法兰组件以 3.8MPa 的压力向周围区域喷射。

康菲石油公司格伦普尔地区主管最初估计，爆炸发生时 11 号储罐里大约有 7400bbl 柴油。这一数字与 Explorer 的仪表读数 8420bbl 不同。因为爆炸发生时，一些产品在仪表下游的管道系统中，还正在通往 11 号储罐的路上。

安全委员会的调查人员计算了爆炸发生时 11 号储罐里的柴油量，这些计算包括柴油开始输送时 11 号储罐沉积槽里的汽油量、在输送期间 Explorer 测量的柴油量、爆炸后所测量的未进入 11 号储罐的柴油以及爆炸发生时，原先空的输送支管和 11 号储罐管道中留下的柴油量。根据这些计算，11 号储罐在爆炸时装有 7397 至 7600bbl 液体（柴油和少量汽油）。

4.1.2　事故原因分析

（1）储罐充装过快引起静电积累和放电，点燃了易燃气体混合物。

NTSB 确定其起因可能是康菲石油公司在进行储罐操作时，由于操作不当，导致静电放电点燃了储罐内易燃的燃料空气混合物。发生火灾爆炸事故的 11 号储罐的初始充装流速为 2.33~2.66m/s［每小时（2.4~2.75）$\times 10^4$bbl］，由于充装速度过快导致静电积累和释放，静电释放点燃了储罐内易燃的燃料空气混合物引起火灾爆炸事故。储油罐结构如图 4.4 所示。

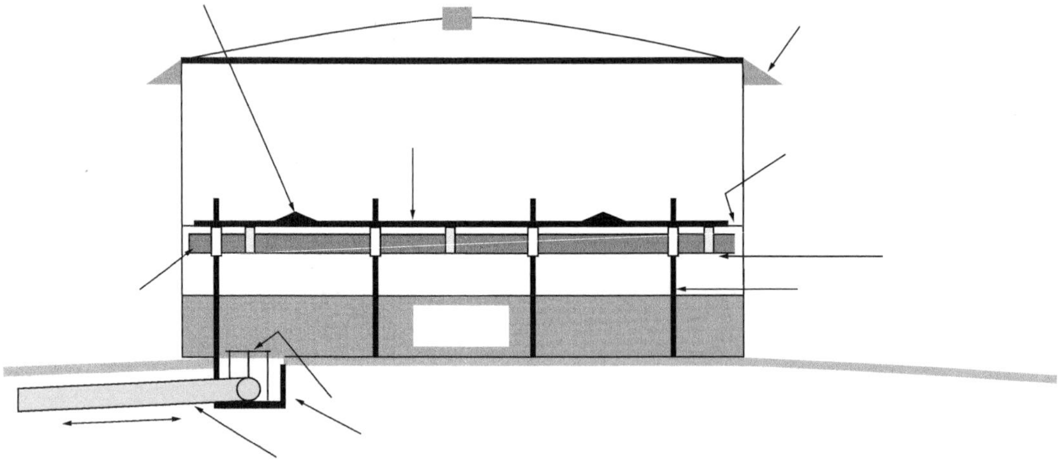

图 4.4　储油罐结构图

（2）美国电力公司员工未能预见到储罐起火对附近电力线路造成的风险。

美国电力公司（American Electric Power，AEP）的电线杆位于油库东面，和防护堤相隔一堵墙。电力设施包括三根导线和两根屏蔽线，由两根木杆上的一根横杆支撑。在 4 月 8 日早上 6 时电线掉到了地上，随后，11 号储罐北面防护堤内未燃烧过的柴油就发生了火灾。防护堤内 7 号和 8 号储罐之间的地面工艺管道被电力线路引发的大火吞没，由于火灾，管道中的一个绝缘法兰组件失效，使得受压的原油通过松动的法兰组件向周围区域以 3.8MPa 压力喷射。

（3）两个公司在交接油品输送工作时出现误差。

2003 年 4 月 7 日下午 6 时 15 分左右，Explorer 公司需要将 24500bbl 的柴油通过直径 28in 的管道输送到康菲石油公司 11 号储罐。在输送之前，已将 11 号储罐之前存储的汽油产品排空，（除了沉积槽里的剩余汽油）。

2 家公司的操作员确认之后，下午 6 时 30 分左右，康菲石油公司的操作员在 Explorer 站场里打开了 2 个阀门安排柴油输送。下午 8 时 33 分左右，Explorer 将柴油输送切换为输送到服务于康菲石油公司的管道，其初始充装流速为 2.33~2.66m/s［每小时（2.4~2.75）$\times 10^4$bbl］。康菲石油公司操作员表示就在晚上 8 时 55 分左右，11 号储罐就发生了高液位报警。

4.1.3 事故启示

（1）合理安排储罐充装速度，防止出现静电积累和放电。

发生火灾爆炸事故的 11 号储罐的初始充装流速为每小时 3816~4372m^3［（2.4~2.75）$\times 10^4$bbl］，由于充装速度过快导致静电积累和释放，静电释放点燃了储罐内易燃的燃料空气混合物引起火灾爆炸事故。

虽然国内在储罐实际充装过程中的流速远低于该案例中的数值，产生静电放电的风险也相对较低，但仍需要重视储罐灌装作业过程中的流速控制。

（2）加强油库周边区域的安全防护措施。

此次火灾事故首先发生在 11 号储罐，但公司所在油库防护堤区域与美国电力公司的电线设备之间只有一堵墙间隔，同时也没有其他安全防护措施，导致引发二次火灾泄漏事故。因此，需要合理设置油库所在区域与其他公共设施之间的安全距离，同时加强油库周边区域的安全防护措施。

（3）制定储罐油品介质切换的操作程序。

在储罐油品切换过程中，会涉及多家运营机构，可能会出现沟通不顺畅导致油品交接过程中出现错误。因此，需要制定标准化的工作规范程序，并严格执行。

4.2 委内瑞拉储罐爆炸事故

4.2.1 事故经过

在委内瑞拉首都加拉加斯市西北45km的加勒比海沿岸有一个石油储罐区，这个储油区中的8号、9号罐容量最大，各为4.5×10^4t，靠近一座大型发电厂。1982年12月19日，一场石油大火给这个国家带来了重大的损失。大火烧了4天，145人死亡（其中消防人员43名），500多人受伤，直接经济损失折合人民币约5.21亿元，大火迫使附近的发电厂停产，造成加拉加斯市一半地区停电，交通信号熄灭，市区交通陷于一片混乱。

12月18日晚上开始，一艘油轮同时向8号、9号储罐输油。19日早晨5时57分，8号油罐突然发生大火，顿时火光冲天，浓烟翻滚，映红了加勒比海的海面和天空。据分析，火灾可能是由于输油时流速过快产生静电火花所引起的，也可能是由于8号储罐内的加热器缺乏恒温控制设备造成罐内油温过高而造成的。

火灾发生后，消防队接警并迅速赶到现场，经过6小时的扑救，油罐外面的火焰均已扑灭。这时，在场的人们包括灭火指挥员普遍认为灭火成功，人群开始在8号罐周围聚集。12时15分，8号油罐发生了猛烈爆炸，罐顶炸飞，罐壁撕裂，冲天的火柱、火球高达50余米，罐内的石油带着炽烈的火焰向四处飞溅、流淌。聚集在油罐周围的人群来不及撤退，以致遭到惨重的伤亡。现场一片混乱，消防人员牺牲，消防装备损坏，使得一时组织不起灭火战斗的力量。两位美国消防专家赶到现场，协助指挥灭火，但因火势太猛，也未能制止烈火的继续发展。

20日清晨4时，9号油罐因受到8号油罐火焰的强烈辐射和地面火的烧烤，随之也发生爆炸。爆炸时，火焰蹿起的高度达60m，窜高的热气流和冲击波竟使一架正在上空飞行、执行火场侦察任务的警察直升机骤然坠落，机毁人亡。于是不得不放弃从空中居高临下的灭火作战计划。

两个大油罐同时燃烧，油多火烈，越烧越旺，高温使得人们在周围300m内难以立足。火场风暴顿起，风力强劲，风火交加，风助火势，火借风威。1号、2号油罐相继爆炸和燃烧，整个储油区一发不可收拾，附近电厂被迫停工。

4.2.2 事故原因分析

储罐充装过快导致静电。该事故原因是充装速度过快导致静电积累和释放，静电释放点燃了储罐内易燃的燃料空气混合物引起火灾爆炸事故，需要重视储罐灌装作业过程中流速控制。

4.2.3 事故启示

因为火灾扑灭后的油罐，温度仍然很高，油蒸汽大量蒸发，容易引起复燃、复爆。因此油罐火灾扑灭后，仍然要继续冷却。此次事故造成了重大损失，主要原因是消防队指挥失误，错估火情，获小胜而掉以轻心，以致大火再起，车毁人亡，陷于束手无策。在扑救油罐火灾时应注意：

（1）应指定专人负责，统一指挥，保持高度的组织性、纪律性，行动必须统一协调；

（2）石油具有一定毒性，对人体有毒害作用，在下风方向灭火时，应采取可靠的防护措施，如佩戴防毒面具、滤毒罐等；

（3）冷却水不能射入罐内，以免使油料溢出罐外，扩大燃烧面积，给扑救带来困难；

（4）行动中要注意管沟、管线，防止绊倒摔伤；

（5）油罐火灾扑灭后，应继续对油罐进行冷却，防止复燃；

（6）当扑救储存原油或重油的储罐火灾时，在罐顶盖全揭开的情况下，如果不能及时扑灭，燃烧一定时间后，在扑救过程中可能会出现溅溢、沸溢和喷溅等现象。一般在着火燃烧 30min 后，热波已形成足够的厚度。这时再施放泡沫，就会发生这种情况。此外，当油罐储油较多，水垫层较厚或含有较多的乳化水团时，在燃烧过程中往往还会产生间断性的多次沸溢现象。因此，扑救储存原油或重油的油罐火灾时，应特别当心。

在油罐发生火灾事故时，加强对着火油罐和邻近油罐的冷却是控制火势、防止火灾扩大的重要措施。此次事故正是由于缺少冷却和灭火力量，才导致油罐区大面积的燃烧和爆炸，扩大了火灾范围。冷却燃烧罐的要求是：

（1）对冷却油罐，尤其是液面低的油罐，首先要进行冷却，以控制火势发展，防止油罐受热变形、破裂；

（2）着火的固定顶油罐冷却水的强度一般为 0.6L/（s·m），通常一支口径为 19mm 的水枪，充实水柱为 15m，能控制油罐的周长 10m 左右；

（3）油罐火焰扑灭后，仍需继续冷却，直到罐壁温度降到低于油品的自燃点、不致引起复燃为止；

邻近油罐的冷却要求是：

（1）与燃烧罐的距离小于燃烧罐直径 1.5 倍的邻近罐，都要进行冷却；

（2）相邻的不保温油罐冷却水的强度一般为 0.35L/（s·m），按油罐半个周长计算，即每秒需要冷却水 0.35L× $\frac{1}{2}$ 油罐周长；

（3）位于燃烧罐下风方向的邻近油罐所受威胁最大，侧风方向次之，上风方向所受威胁最小。根据到场的灭火力量部署，在首先冷却燃烧罐的同时，要着重冷却下风方向的邻近罐。冷却邻近罐时，应冷却面向燃烧罐的罐壁。

4.3 浙江椒江石油公司油库爆炸事故

4.3.1 事故经过

1987 年 10 月 29 日，浙江椒江市石油公司油库发生了一起储油罐火灾爆炸事故。爆炸时油罐腾空而起，造成 1 人死亡、1 人重伤、7 人轻伤；烧毁 1000m^3 立式拱顶煤油罐 1 座、500m^3 内浮顶汽油罐 1 座、500m^3 立式拱顶机油罐 2 座、50m^3 高架油罐 4 座及油泵房、管线、阀门等辅助设施；烧掉油料 652.66t。

浙江椒江石油公司油库的油罐区由露天罐区和山洞罐区两部分组成。露天罐区有 8 座立式钢质油罐，分别设置在两个防火堤内。1~4 号罐在一个防火堤内，1 号罐为 500m^3 内浮顶油罐，储存汽油 17.655t；2 号油罐为 500m^3 立式拱顶油罐，储存 10 号车用机油 248.056t；3 号罐为 1000m^3 立式拱顶油罐，储存灯用煤油；4 号罐为 500m^3 立式拱顶油罐，储存 15 号车用机油 149.986t。

1987 年 10 月 29 日 0 时 30 分，装载煤油的油轮到港。油轮配备 6CYZ-65 油泵，特性参数为：流量 153~200m^3/h，扬程 63~66m，转速 1470/min。油轮作业时实测泵出口压力为 0.451MPa，油流速约为 3.15~3.78m/s。开泵卸油时，两名操作工一起进入油罐区检查煤油管线和附件的作业情况。在要离开罐区时，操作人员听到正在进油的 3 号油罐发出“啪啪”的响声。此时一名操作工去停泵，正当他跑下防火堤几米时，3 号煤油罐突然爆炸，他当即被气浪推倒，另一名操作工被抛出 30m 外，当场死亡。

3 号煤油罐整个罐底与圈板连接处的焊缝爆裂，油罐向上抛起，倒向 4 号车用机油罐，其余 3 座油罐也被烧着。10min 后，2 号机油罐爆炸，罐底板与圈板焊缝全部裂开，整座油罐腾空而起，向右侧飞出 59.7m 远。燃烧的火流，从防火堤的排水孔流出，进入油库排水网，点燃了露天堆放的沥青、泵房、灌油间、高架罐、桶装库等。燃烧面积达 7000m^2，油库顿时一片火海，经过 3 个多小时奋战，火才完全熄灭。

4.3.2 事故原因分析

3 号罐建于 1956 年，原为无力矩罐。20 世纪 70 年代改成拱顶罐，1984 年换底和第一圈圈板。原圈板高为 1.2m，改造后高 1.8m；原底板厚 6mm，改造后为 4.5mm，油罐爆炸后，罐体下部内陷，但顶部完好。机械呼吸阀出气口阀杆断裂，阻火器铜丝网无破损，液压呼吸阀内无油。进油管罐内短管长 0.4m，出口做成 45° 坡口，坡口朝罐底。

爆炸后罐内发现，罐顶与罐壁连接处有两道 75×75 角钢做成的胀圈，在靠近量油孔离罐壁 10cm 处有一根直径 14mm、壁厚 3mm 的下垂钢管，上端与罐顶焊接，下端焊有一块钢板，尺寸约为 5cm×9cm，是以前搞遥测计量时用的吹气管，已废弃不用，但没有拆除。1984 年改造油罐时，由于底圈板升高 60cm，钢管悬在罐内；在泡沫发生器上有两根下垂的钢丝绳，下垂长度约 2m 多长，已被烧焦；第二圈钢板内壁下部，在能观察到的内部位置上（由于罐体瘪塌严重，有些地方无法观察）发现了很多高约 10mm、宽约 10mm、长几十至 100 多毫米不等的条状金属突出物，突出物距离罐底均在 1.9~2.2m 之间。突出尖状物来源于 1984 年换底板和第一圈圈板时，为了保持油罐的圆度，施工中在第二圈钢板内侧下部焊了胀圈，施工后只去掉了胀圈，突出尖状物没有消除。

事故发生后，经现场勘查、访问、座谈、化验分析、查阅原始资料及技术文献等，判定这次火灾爆炸事故是一起静电引燃事故，系由下列因素造成：

（1）静电的产生和集聚。

液体电阻率为 1010~1015Ω · cm 时能产生危险的静电电位，而煤油的电阻率在

1010~1014Ω · cm 之间。国外所做的实验证明，对于同一批油料，煤油产生静电的能力比喷气燃料大 2 倍，比汽油大 6 倍。因此煤油本身的物理性质决定了它最易产生和聚集静电。

油品在管道内流动时，由于油品和管道的不断接触和分离，油品的分子间相互撞击，总是要产生静电的。产生的静电量大小与流速和油品的电导率有关。美国约翰斯 · 霍普金斯大学的研究人员推导出烃类油品在管道中呈湍流状态流动时，油品离开管道的流动电流正比于 $v^{7/18}d^{7/18}(1-e^{\frac{L}{vt}})$，其中 v 为管内平均流速，$d$ 为管径，L 为管长，t 为时间常数，可见流速的影响是很大的。煤油系高绝缘液体介质，其电导率在 2~10pS/m 之间，具有良好的起电性能。因此，管线中油品的流速对起电影响很大。对于煤油而言，当其管径为 150mm 时，其安全流速仅为 2.1m/s。根据油轮配备的卸油泵（6CYZ-65 自吸式油泵）和作业记录，此油库发生事故前，管线内油品流速已高达 3.78m/s，大大超过了安全流速，因此产生大量静电电荷是肯定无疑的。

油品流进油罐或其他容器时，流入的管道出口应尽量靠近油罐或容器的底部，以减少油品的冲击和飞溅，因为冲击和飞溅更容易产生静电。事故罐进油时罐内液位高为 213.1cm，其中水垫层高 8.4cm，进油口离罐底 30cm 高，坡口开向罐底。煤油进罐时，较高速度的液流冲击罐底，使罐内油品和水剧烈搅拌，有油液分散在水中，也有水分散在油中，油水发生相对运动时产生大量的静电荷。这也是增加静电产生和积聚的重要因素之一。

此外，管中煤油与水混输加剧了管道中静电的产生。该油库靠近江边，每次卸油到最后，都得用水将油顶入油罐，因此每次卸油完毕后，从码头到油罐的管路中总有 30m 长的管段充满水，等下次卸油时用油将这段水顶入油罐。这样，卸油开始后总要经历一段油水混输过程，只是含水量会逐渐降低。油品中混入微量的水会使流动过程中产生的静电量大大增加。油中含水量在 1%~5% 时具有最大的静电危险。据资料介绍，油中含水 5% 时，会使起点效应增大 10~50 倍，大量的静电荷随油流入油罐，在工程上由于水分混入油品而发生火灾爆炸事故已不在少数。

由于以上几种原因，在输油后 4 分钟内，静电电位达到约 20000V。出事油罐虽有接地装置，但事故后检查，两处接地点的接地线锈蚀相当严重，接地电阻大大高于规定要求，因而未能将油罐的静电及时泄放。

通常，油品带电后，在油品内部及其周围都存在电场。当油品中静电场聚集至一定程度时，就可能发生放电。一般在油品内部放电不会有着火危险，但是在大气中发生放电则可能造成危害。如在罐内、油表面和其他接地体等发生放电，就会引起着火或爆炸。

（2）油罐内部带有突出的接地导体。

据现场调查，油罐内部有三种接地导体：

①在出事油罐靠近量油孔离罐壁 10cm 处有一根直径为 14mm × 3mm 的下垂钢管，下部没有固定起来，当煤油灌入罐内后，导向管晃出油面。经事后测试，此时导向管能和液面呈 30° 角左右摇摆。当摆动到 27° 角时，导向管下端正好摆出油面。此时，带有高电位的油面就会对导向管放电，产生电火花。煤油的最小点火能量仅为 0.2mJ。因此，当电火花达到这个能量时，煤油蒸汽便发生了爆炸。

②在泡沫发生器上带有两根下垂的钢丝绳（每根长约 2m）。

③在出事油罐的第二圈钢板内壁下部，原来在焊接时留下的十多处焊疤没有磨平，呈尖端状分布（高约 10mm，宽约 100mm，长达几十到 100 多毫米不等）。物体的尖端是容易放电的。当带有高电位静电的油面与焊疤尖端接近时，会产生电晕放电。电晕放电除了有可能发展成为火花放电外，还能提高油面的温度，加速油品的气化速度。一切液体，当它处于液态时并不会燃烧，只有当它挥发成气态时才会燃烧。而液体挥发成气体的速度是与环境温度成正比的。出事当天，气温虽然比较低，但由于电晕放电的作用，产生的煤油蒸汽增多，当煤油在空气中的浓度达到 0.7%~5.0% 时，遇到明火就会发生爆炸。

上述三种接地导体，不仅会增大罐内静电场的变化，而且会成为放电极，常常导致电晕放电、刷形放电或者火花放电发生。当导体上发生火花放电时，其能量一次释放，而且火花集中，危险性很大，常常引起火灾或爆炸。此外，由于流速过大，在油流冲击下，漂浮到油面上的沉积物或其他漂浮物会收集油品中的电荷带至油面，增加其电荷密度（包括气泡破裂增加新的电荷），沉积物、漂浮物成为电荷收集器后，以一定电位的静电向罐壁放电，或者在罐内形成高空间场强放电，进而酿成火灾爆炸事故。

（3）爆炸性混合气体。

通常，煤油即使在正常温度和静止状态下也容易产生油蒸汽。当流速过大时，由于进油速度大，液流对罐底的强烈冲击，使罐内油品翻腾起伏，犹如沸腾，大量的油品以微滴状态悬浮在液面上的气体空间里，在液面上形成一层油雾。当放电火花把油雾点燃时，燃烧放出的能量加速油品的蒸发，火越燃越猛，散发的热量也越来越多，最终导致油蒸汽大量形成而发生爆炸。油罐爆炸前几秒钟值班人员听到的罐内“吱吱啪啪”的响声就是放电与燃烧的声音。

（4）足够的能量。

烃类油品可燃气体的最小点火能为 0.2mJ。油面与罐壁突出物在一般情况下是发生电晕放电或刷形放电，放电能量都比较小。电晕放电的能量在 3~12μJ，一般不能引燃煤油蒸汽与空气的混合物。刷形放电的点燃危险性小于火花放电，但持续时间长，当总电荷量相同时，刷形放电的持续时间大约是火花放电持续时间的 7 倍。

油面对油面上 60° 锥尖状电极能发生火花放电。而这个发生事故的油罐恰好在液位附近的圈板上留有很多的尖状突出物。这些突出物是以前换底板和第一圈圈板时留下来的。施工时为了保持油罐的圆度在第二圈圈板上焊了胀圈，施工后只敲掉了胀圈，而没有把这些突出物清除掉。在这许许多多的突出物中，不能排除存在这样的锥尖放电体的可能性。油面与这些锥尖状电极进行火花放电，就可能产生足够大的放电能量点燃油面上的可燃油雾。

为了进一步证实这次事故是由于静电放电点燃罐内油雾燃烧后发生爆炸的，查阅了该罐 1986 年、1987 年这两年的油品计量登记表，除发生事故这次液位为 213.1cm、处于罐壁突出物之间外，其他各次进油时的液位高度分别为：33.7cm、33.2cm、88.7cm、35.3cm、54.0cm、47.0cm、64.5cm、487.9cm、31.1cm、32.7cm、80.1cm、380.5cm、96.4cm、288.7cm，即进油时的液面要比罐内壁突出物的位置（190~220cm）低很多或高很多，这就减轻或避开了静电的危害。因为液位高时，罐壁突出物被淹没，不存在放电极；液位低时，开始进油，当时静电电位高，但液面距离放点电极远，不易产生放电。经过一段时间液位上升到突出物附近时，一方面由于罐体泄漏，油品静电电位有所降低，另一方面液面也不会像初始进油那样剧烈翻动，已经开始处于平稳上升，油面上油雾浓度降低，不易点燃。此次，静电危害的各种条件基本上同时具备，导致了这次事故。

4.3.3　事故启示

（1）防火堤必须严格按规范的要求设计。罐区排水管穿越防火堤处，应设置能在堤外操作的堤口密闭装置，在管理上排水孔一定要常关，只需在放水时才打开。管线穿越防火堤处，必须用阻燃材料严密填实。有些油库用混凝土墙作防火堤，墙上已裂开了缝，管线过墙处也未封实，这些都应引起注意。另外，库区排水沟也应设置分割装置，紧急情况时能切断排水沟之间的联系，防止火焰随排水沟到处流窜。

（2）油罐要采用弱顶结构并采取分组布置形式。所谓弱顶结构就是当油罐受压，在其他部位失效之前，罐顶先失效，使压力释放从而保持罐体和罐内所装油品。因此，油罐设计时罐顶与罐壁连接处的焊缝尺度都应有要求。采用了弱顶结构，若油罐爆炸，则只飞掉罐顶，罐内油品就不会流淌到罐外，从而使火势易受控制。

油库设计规范要求在同一组油罐内宜布置火灾危险性相同或相近的油罐。若将火灾危险性显著不同的油罐布置在同一防火堤内，使得各油罐都得按最危险的油品罐进行消防安全考虑，增加了消防投资。一旦发生火灾，势必祸及其他油罐。此油库的煤油罐着火爆炸造成了同一防火堤内的两个机油罐一个被烧坏，另一个爆炸飞出 60m 之远。

（3）油罐进油管宜设计成水平分流式。进油管口坡向壁底，油流喷射到罐底再反射上来，致使罐内油品上下翻腾剧烈，油面上升波动起伏大，加剧了静电荷的产生；管口向上坡（目前大多数油罐采用此种形式），同样会造成油面上升不平稳，并且在低油位时，油流向上喷射，加速油品蒸发与雾化，还会因液滴分离而产生大量的静电荷。进油管做成水平分流式，使油流进入罐后作圆周和径向运动，这样能显著减少罐内油品的上下翻滚，也可避免把罐底的水和沉渣冲起来，液面较平稳的上升。

（4）接地设计。油罐和油管的防静电接地设计与接地极制作必须按照有关规范、规定进行。接地极结构要便于在使用中测试其接地电阻，以保证良好的接地。

除管沟、地面铺设的输油管线按规范要求进行接地外，埋地管线也同样要接地。因为埋地管线都有防腐绝缘层，如果不接地，油品中的静电就难以导入大地。

（5）油库施工应由有经验的专业施工队伍按正确的设计图纸进行。在老油库改造中油罐翻修时更应该受到重视。例如把拱顶罐改成内浮顶罐，把原来装汽油的拱顶罐改成装润滑油罐，都应及时把罐顶上的呼吸阀摘掉。油罐返修时还一定要保持弱顶结构或改造成弱顶结构。

（6）把好工程质量验收关。油库3号油罐换底板和第一圈圈板时，在第一圈圈板下部留下很多的突出物是酿成这次重大火灾爆炸事故的主要原因之一。验收时，只验收了焊缝，忽视了对罐壁面及其他部位的检查，留下了隐患。整个油罐，特别是油罐内壁，必须光滑平整，不能有其他物件，否则都会对安全造成危害。例如，现场检查时发现，悬在罐中的吹气管，挂在泡沫器上的钢丝绳等均不符合验收规定和安全规范，油罐内一定不要随意布置设施，不能用的物件应及时清除，特别要按照规定，把好工程验收关。

（7）防火堤上下不要种树。《石油库管理制度》规定：油罐区的防火堤以内，不准种植树木和其他作物。因为一旦油罐着火，强烈的火焰辐射会把防火堤上的树木引燃，一方面会造成火的蔓延，另一方面也不利于消防人员靠近防火堤扑救。

（8）严格执行操作规程。油库都规定了岗位责任制和操作规程，必须严格遵守。有些油库中的油罐上的液压呼吸阀长期无油，使汽油罐直接通向大气，这不仅增大了油品的呼吸损耗，而且也加大了油罐周围可燃气的浓度；装卸车船不是先接静电接地线，而是先接输油管；装油鹤管不插到罐车底部等，这些都是潜在的危险因素。美国石油学会API规定，过滤器下游至少要有30%的静电消散时间，即油品从过滤器出口到装油管出口至少要经历30s的时间。现在我们大都采用流量计发油，在流量计之前都装有过滤器，油品通过过滤器后的静电量是相当高的（可高达10000V以上），但目前国内对这个静电消散时间问题，从设计到操作都没有引起足够的重视。

（9）控制流速。国内外都提出输油初始速度要控制在1m/s以下，对于油槽车、油罐车、油船等移动式储罐，要保持这个初速度直到油面淹没了主油鹤管端面。给固定式油罐注油时，当液位在进油口之下时应控制初速度直到液面超过进油口端面。当罐内初始液面高于进油口时，可参照表 4.1 控制其流速。

表 4.1 不同管径允许最大流速

管径 /mm	10	25	50	100	200	400	600
最大流速 / (m/s)	8	4.9	3.5	2.5	1.8	1.3	1.0

（10）尽量不设水垫层。《石油库管理制度》规定，除储存汽油、煤油、柴油等轻质油品罐的底板有严重变形而影响计量准确性外，一般都不要垫水。现在靠近江河湖海的油库，通过油船进油时，卸到最后都要用水顶油进罐，自然也会有一些水分进入罐中。这些油库应设置污水罐、水排放设施和油水分离设施，以保证油罐内部没有游离水。

（11）预防人体带电。人体带有静电时，在经常处理石油产品的作业场所，因其放电着火爆炸和因电击而坠落的二次灾害是经常发生的。

引起人体带电的重要因素有 3 种：伴随着摩擦和剥离动作的带电；与带电物体相接触或由带电物体放电；感应引起带电。

研究表明：人体带电操作汽油、煤油、柴油等易燃易爆物质是非常危险的。如人体的电容为 200pF，人体电位为 20000V，则人体所带静电能量为 0.4mJ。这已经比汽油、煤油、柴油等蒸汽的最小引燃能量 0.2mJ 高出了一倍。像这样带电的人，当触及接地导体或电容较大的导体时，就可把所带电能以放电火花的形式释放出来，有可能引起着火爆炸。

为了预防人体带电，如衣服摩擦起电，必须将这些电荷导入地下。为此可将人体接地，这主要用导电鞋和导电地板，其他如通过手柄、台架接触导电都是辅助措施。若无导电鞋，建议采用抗静电衣罩代替。此外还要禁止操作人员穿着易带电材料制成的工作服进入能生产可燃气的油罐内部作业。必要时，可先用表面活性剂润滑，然后干燥，使衣服具有抗静电性。

穿着防静电工作服是预防人体带电的有效措施之一。防静电工作服最好用棉织品混入导静电纤维制作。服装的外部不得有金属制品，如纽扣、钢笔等。研究表明，仅衣服之间产生的电晕放电不会使汽油、煤油、柴油等蒸汽着火，然而当衣服附着金属制品时，金属制品放电就容易使汽油等蒸汽着火而造成灾害。

（12）油库安全用电管理。油库需加强对职工的安全用电教育，不要在爆炸危险区内拉电线和安装电器设备。

4.4 大连石化公司储罐火灾事故

4.4.1 事故经过

2011 年 8 月 29 日 9 时 56 分 44 秒，大连石化公司储运车间八七罐区 875 号罐在收油过程中发生火灾。事故造成 875 号罐被烧坍塌，874 号罐罐体过火，罐组周边地面管排过火，部分变形；东、南侧管廊上管排部分过火，没有造成人员伤亡，对周边海域和大气环境未造成污染，事故直接经济损失 789.0473 万元。

2011 年 8 月 29 日 8 时 10 分，储运车间大班长接到公司调度指令，要求将柴油调和一线从 877 号罐改至 875 号罐。

8 时 30 分，车间班长通知 1 班班长准备做此项工作，并通知内操员联系上游装置操作员等相关人员。

9 时 30 分，内操员通知切换的准备工作已做好，技术员赶到 875 号罐组确认收油流程，并在现场用对讲机通知内操员可以切换，随后开始切换作业。

9 时 52 分，875 号罐入口电动阀开启，液面从静置状态的 0.969m 逐渐上升。

9 时 56 分，875 号罐突然发生爆燃，罐底撕裂，并引起火灾。现场操作人员立即报警，并进行转油、关阀等应急处理。

事故罐 875 号位于大连石化公司储运车间八七罐区，与 874 号、876 号、877 号罐组成罐组，该罐区位于厂区西南侧，东邻 $5\times10^4m^3$ 柴油罐组，西邻无铅汽油罐组，南邻汽油罐组，北邻南运罐组。始建于 1991 年，当时四台储罐均为拱顶结构，直径 40.5m，罐壁高度 15.86m，罐容 $20000m^3$，安全储存量 $18000m^3$。主要用于储存重质油。经 2006 年对这四座储罐实施改造后，成为主要用于柴油调和的成品罐。储罐结构类型为内浮顶。事故发生时，该储罐正在收油作业，罐内储存 0 号国Ⅲ柴油（$885.135t/1061.695m^3$）。

事故发生后，875 号罐被烧整体坍塌，南侧罐壁由 15.86m 坍塌至 4.35m。南侧罐底板向上翘起，最高处翘起 1.12m。罐底撕裂出一条长约 7.10m，最宽处约 0.20m

的裂缝，裂缝无重皮、缺失，呈现外翻状态（图 4.5）。

图 4.5 受损储罐

4.4.2 事故原因

事故发生前，875 号罐正在收油作业，罐内储存 850 多吨 0 号国Ⅲ柴油，液面高度 0.963m。浮船高度 1.8m，在浮船与油面之间有 0.837m 左右的气相空间，体积约 $1000m^3$，浮船呼吸阀处于开启状态，在浮船与油面之间进入大量空气。

875 号罐在浮盘未浮起的情况下，收油管出口流速达 4.34m/s，超过 1m/s 的安全界限，产生大量静电并发生放电，在浮盘下引燃油雾、可燃性气体与空气形成的混合气体（80×10^4t 柴油加氢装置波动，造成较多轻组分进入 875 号罐），发生爆炸。

由此确认，此次事故直接原因是静电放电引起的可燃性混合气体爆炸。

4.4.3 事故启示

（1）收油作业时应严格遵守规定，当使用内浮顶储罐，在浮盘未完全浮起时，极限流速不得超过 1m/s。

（2）建议增加流速监测系统，并与进罐阀联动，以达到自动防护流速过快的目的。

4.5 荷兰 BOPEC 石油公司储罐雷击火灾事故

4.5.1 事故经过

2010 年 9 月 8 日深夜 12 时左右，博内尔 BOPEC 公司的两个石油储罐在恶劣天气条件下遭遇雷击后起火，沿着两个储罐浮顶的边缘密封处的蒸汽在不同位置燃烧。装有原油的 1901 号储罐火势在同一天下午被扑灭。装有石脑油的 1931 号储罐的火势升级，该罐在9月8日晚被完全烧毁。1931号石脑油储罐中的火于9月11日被扑灭。没有人在这场火灾中受伤，但造成了财产损失。

1901号储罐直径为83m，高20m，属于单层浮顶罐；1931号储罐直径约为84m，高约22.5m，属于双层浮顶罐。沿着储罐外壁延伸的楼梯可以通向边缘，在楼梯的顶部有一个与储罐内壁成直角的第二个楼梯，通向浮顶。BOPEC在1974年根据API650来建造这些储罐。BOPEC采取浮顶式储罐储存油品，因为浮顶漂浮在液体油品之上，油品和浮顶之间没有足够的空间积累易燃蒸汽，发生火灾或者爆炸的风险相对于固定顶储罐降低。但因为储罐在收发油过程中，浮顶必须能够沿着储罐罐壁自由移动，导致浮顶密封处和罐壁存在一定空间，易燃蒸汽总是会从储罐中逸散。

1901号储罐装有napo原油，napo原油的闪点为15.6℃，沸点有可变的范围。1931号储罐储存催化石脑油，闪点低于40℃，沸点变化范围在30~202℃。这意味着博内尔平均环境温度为30℃时这两种物质释放了充足的易燃蒸汽来点燃。

2010年9月8日博内尔的天气情况很恶劣，出现大量的雷电和降雨天气。闪电过后，深夜12时左右BOPEC控制室的1901号储罐的火灾警报器响起，运营部门的工作人员确认该储罐发生了边缘密封处的火灾。随后员工们看到大约在800m外的第二个储罐冒出浓烟（1931号储罐），第二场火灾同样是储罐边缘密封处的火灾（图4.6）。

图4.6　1931号储罐火灾

4.5.2 事故原因

（1）防雷接地系统失效。

储罐遭遇雷击（遭遇雷击是一部分原因，主要原因是防雷防静电设备出现失效）。BOPEC 的两个石油储罐在恶劣的天气情况下，遭遇雷击事故，而储罐没有按照 API 的要求安装足够多的电缆接地设备。导致该公司的 1901 号储罐和 1903 号储罐罐顶和罐壁边缘密封处的蒸汽被点燃，从而引发火灾事故（图 4.7）。

图 4.7 1931 号储罐外壁左侧（接地电缆和融化的电缆）

（2）浮顶罐二次密封失效。

储罐密封件不够牢固，产生了足够多的易燃蒸汽，可燃蒸汽在储罐遭遇雷击放电时被点燃。

（3）火灾报警和自动消防喷淋系统失效。

BOPEC 公司在储罐上都安装了自动火灾报警系统和自动消防系统，但公司从未对火灾报警系统和消防系统开展过任何预防性的维护，导致储罐火灾报警系统和消防系统不能正常工作：

①经调查发现多个储罐的火灾报警系统出现故障；

②消防系统的 2 个最大灭火泵出现故障，降低了火灾当天灭火系统可用的水压；

③消防系统泡沫混合器没有正常工作导致储罐起火后没有立即形成灭火用的泡沫混合物；

④ 3 个可用的增压泵中（移动灭火装置），一个在火灾前损坏，另一个在 2010 年 9 月 8 日的火灾中损坏；

⑤灭火系统中的发泡剂短缺。

4.5.3　事故启示

（1）加强储罐接地电缆保护，开展石油库防雷措施研究。

此次事故发生的原因在于 1931 号储罐遭遇了雷击，并破坏了储罐接地电缆的接地保护作用，从而导致储罐的火灾事故。

因此，建议国内油气管道运营部门开展国内石油库防雷措施的综合性研究，对储罐接地电缆保护进行详细研究。

（2）加强储罐的密封性检测。

加强储罐内浮顶和边缘密封处的严密性检测，防止油品挥发形成易燃气体混合物。

（3）定期开展储罐自动火灾报警系统和消防系统的维检修工作。

虽然 BOPEC 公司在发生事故的储罐上都安装自动火灾报警系统和消防系统。但公司从未对火灾报警系统和灭火系统开展过任何预防性的维护，导致储罐火灾报警系统和远程控制灭火系统不能正常工作，火灾出现后不能及时灭火从而引起火势不断扩大。

针对此次事故中形成的经验教训，建议国内油气管道运营部门重视储罐火灾报警系统和消防灭火系统的定期维护和检修工作。

4.6　黄岛油库雷击爆炸事故

4.6.1　事故经过

中国石油天然气总公司黄岛油库始建于 1973 年，该油库老罐区建有 5 座油罐，设计储油量 $7.6\times10^4m^3$。其中 1 号、2 号、3 号罐为 $1\times10^4m^3$ 的梁柱式金属罐，4 号、5 号罐为 $2.3\times10^4m^3$ 的半地下混凝土储罐。在老罐区西北部，还有一座储量为 $15\times10^4m^3$ 的地下水封油库。新罐区位于老罐区北面 100m，建有 6 座 $5\times10^4m^3$ 的浮顶罐。黄岛油库原油存储能力 $76\times10^4m^3$，成品油存储能力 $6\times10^4m^3$，是我国三大海港输油专用码头之一。

1989 年 8 月 12 日 9 时 55 分，黄岛油库 5 号半地下储油罐被雷电击中，致使罐内储存的 1.6×10^4t 原油燃烧，火焰高达数十米，形成 $3400m^2$ 的大火。下午 2 时 35 分，4 号罐猝然爆炸，超过 $3000m^2$ 的水泥罐顶揭盖而起，3000t 原油冲向天空，几乎同一瞬间，1 号、2 号、3 号罐也先后爆炸起火，3×10^4t 原油倾泻而出，到处是一片火海，形成了 $15\times10^4m^2$ 的大面积火灾。被气浪冲向高空的石块与油、火混在一起，雨点般撒向地面。

大火连续燃烧了 104h，于 8 月 16 日晚 18 时 10 分被彻底扑灭。整个救援中动用了 2204 名公安、消防战士，159 辆消防车，10 架飞机，19 艘舰船，239t 灭火药剂。黄岛油库火灾造成 14 名消防战士和 5 名油库职工牺牲，66 名官兵和 12 名油库职工受伤。烧毁油罐 5 座，原油 34.6×10^4t，老罐区和所有配套设施全部烧毁，造成直接经济损失 3540×10^4 元。算上海洋污染损失与清除费、海产品养殖损失，海路和公路阻断停产停工，以及其他间接经济损失，全部损失金额不少于 8500×10^4 元。

8 月 12 日 9 时 55 分，5 号混凝土原油储罐遭到雷击爆炸起火。到下午 2 时 35 分，青岛地区西北风，风力增至 4 级以上，几百米高的火焰向东南方向倾斜。5 号储罐里的原油随着轻油馏分的蒸发燃烧，形成速度大约 1.5m/h、温度为 150~300℃ 的热波向油层下部传递。当热波传至油罐底部的水层时，罐底部的积水、原油中的乳化水以及灭火时泡沫中的水汽化，使原油猛烈沸溢，喷向空中，洒落四周地面。下午 3 时左右，喷溅的油火点燃了位于东侧方向相距 5 号油罐 37m 处的另一座相同结构的 4 号油罐顶部的泄漏油气层，引起爆炸。炸飞的 4 号罐顶混凝土碎块将相邻 30m 处的 1 号、2 号、3 号金属油罐顶部震裂，造成油气外漏。约 1min 后，5 号罐喷溅的油火先后点燃了 1 号、2 号、3 号金属油罐的外漏油气，引起爆燃，整个老罐区陷入一片火海，失控的原油在地面上四处流淌。

大火主要分成 3 股，一部分油火翻过 5 号罐北侧约 1m 高的围墙，进入储油规模为 $30\times10^4m^3$ 的新罐区 1 号、2 号、6 号浮顶式金属罐四周。烈焰和浓烟烧黑 3 座储罐的罐壁，2 号罐壁的隔热钢板很快被烧红。另一部分油火沿着地下管沟流淌，会同输油管网外溢原油形成地下火网。还有一部分油火向北，从生产区的消防泵房一直烧到车库、化验室和锅炉房；向东从变电站一直烧到装船泵房、计量站、加热炉。火海席卷整个生产区，东路、北路的两路油火汇合成一路，烧过油库 1 号大门，沿着新港公路向位于低处的黄岛油港烧去。18 时左右，部分外溢原油沿着地面管沟、低洼路面流入胶州湾。大约 600t 油水在胶州湾海面形成几条十几海里长、数百米宽的污染带，造成胶州湾有史以来最严重的海洋污染。

黄岛油库起火爆炸后，11 时 5 分，20 部消防车载着 200 名消防队员渡海赶到现场。11 时 50 分，5 号罐火势还在增强，而 5 号罐东南 37m 处就是储油 3000t 的 4 号罐，与其紧密相连的是各存万吨原油的 1 号、2 号、3 号罐。北面与 5 号罐毗邻的是青岛港油库，这里有大小储油罐 15 个，以及两个分别为 5×10^4t 和 20×10^4t 级的码头。由于 5 号罐火势极大，消防队员无法靠近，指挥部决定集中优势兵力为 4 号罐封顶降温，同时在 5 号罐与 4 号罐之间用水枪织成水帘，阻止 5 号罐的烈火向 4 号罐及其他罐蔓延，并且调集力量对 1 号、2 号、3 号罐降温，在各个罐之间设置防火墙。

至下午 2 时左右，风向突然由东南风转为西北风，稳定燃烧达 4h 的 5 号罐大火发生巨大变化，黑烟化为火焰，火光由橙红变为白色，耀亮刺目，高达 300m 的火焰扑向 1 号、2 号、3 号、4 号罐，引发了强烈的爆炸。大爆炸中有 14 名消防战士、5 名工人牺牲，7 辆消防车、2 辆指挥车化为灰烬。

在老罐区 5 座油罐相继爆炸、燃烧后，救火人员采取各种措施堵截老罐区油火外溢，竭尽全力保住新罐区和油港码头。救火人员通过海水冷却、喷洒干粉灭火、用沙土建隔离墙等保护措施，有效地防止了火势的进一步扩大。先后出动了 100 多辆泡沫车、干粉车和水罐车，对威胁新罐区最大的 5 号油罐和 3 号油罐轮番进行灭火。13 日 11 时 5 号罐的火势得到控制，14 时 20 分 5 号罐、1 号罐和 2 号罐火势基本熄灭。14 日 19 时 3 号罐火势熄灭。在扑灭所有明火后，采取灌注泡沫、运沙堵截等方式、继续扑灭了管沟和地面的残火、暗火。16 日 18 时终于将油库内的残火暗火全部扑灭。油库于 16 日下午恢复供水，17 时 30 分开始间断性输油，17 日 17 时 35 分正常供油。

4.6.2 事故原因分析

黄岛油库特大火灾事故的直接原因是非金属油罐本身存在缺陷，遭受对地雷击产生感应火花而引爆油气。

（1）5号罐起火爆炸原因。

事故发生后，根据现场调查结果，能够基本排除人为破坏、明火作业、静电引爆等因素，并且避雷针接地良好。事故原因的主要焦点集中在雷击形式上。混凝土油罐遭受雷击引爆的形式主要有6种：一是球雷雷击；二是直击避雷针感应电压产生火花；三是雷电直接引燃油气；四是空中雷放电引起感应电压产生火花；五是绕击雷直击；六是罐区周围对地雷击感应电压产生火花。

经过对以上雷击形式的勘察取证、综合分析，5号油罐爆炸起火的原因，排除了前四种雷击形式；第5种雷击形成可能性很小，因为绕击雷绕击率在平地是0.4%，山地是1%，概率很小。绕击雷的特征是小雷绕去，避雷针越高绕击的可能性越大。当时青岛地区雷电强度中等，5号罐的避雷针高度较低，约为30m，绕击可能性不大，经现场勘察，罐体上未找到雷击痕迹，因此绕击雷因素可以排除。

事故原因极大可能是由于该库区遭受对地雷击产生感应火花而引爆油气。在8月12日9时55分左右，有6人曾在不同地点目击到，在5号罐起火前，该区域有对地雷击。根据中科院空间中心测量，该地区曾有2~3次落地雷，最大一次电流达到104kA。当巨大的雷电电流通过罐体上的金属部件时，将会发生静电感应和电磁感应。静电感应是由于雷云接近地面，在罐体突出物上感应出大量异性电荷而引起的。在雷云与其他部位放电后，凸起物上的电荷失去束缚，来不及流散，同时产生很高的静电电压并以雷击波形式沿凸起物极快的传播，产生火花放电，引燃罐顶油气混合物。电磁感应是由于雷击后，巨大的雷电流在周围空间产生迅速变化的强磁场引起的。这种磁场能在罐体附近导体上感应出很高的电压，在极短时间内散发出大量的热量，如遇到可燃气体亦可引燃致爆。

另外，5号罐的罐体结构设施均存在安全隐患。5号罐罐体结构及罐顶设施随着使用年限的增长，预制板裂缝和保护层脱落，钢筋外露，排气管系用钢管支撑，并且未安装阻火器。罐顶部防感应雷屏蔽网连接处均用铁卡压固，油品取样孔采用9层铁丝网覆盖，5号罐体中钢筋及金属部件的电气连接不可靠的地方较多，均有因感应电压而产生火花放电的可能性。根据电气原理，50~60m以外的天空或地面雷感应，可使电气设施100~200mm的间隙放电。从5号罐的金属间隙看，在周围几百米内有对地雷击时，只要有几百伏的感应电压就可以产生火花放电。

5号罐自8月12日凌晨2时起到9时55分起火时，一直在进油，累计输入原油$1.5\times10^4m^3$，并向罐顶周围排放同等体积的油气，使罐顶形成一层达到爆炸极限的油气层。根据油气分层原理，罐内大部分空间的油气虽然处于爆炸上限，但由于油气分布不均匀，通气孔和罐体裂缝处的油气浓度较低，仍处于爆炸极限范围。

（2）4号罐起火爆炸原因。

5号罐起火爆炸前，4号罐已进油7200t，吸入空气约$9000m^3$，此时，4号罐内油气处于爆炸范围之内。在5号罐爆炸燃烧过程中，虽然对4号罐进行了冷却，罐顶的呼吸管及呼吸孔也采取了覆盖毛毡、垫子、被褥等措施，但因受到来自5号罐的辐射热，罐内气体空间温度还是在逐渐上升。随着时间的延长，温度上升越来越高。由于混凝土油罐气密性较差的先天性缺陷，并且4号罐使用时间已较长，遭到5号罐爆炸震动等影响，罐顶的接缝等处形成较大的孔隙和孔洞。这些孔隙和孔洞在油罐内压不断增大的情况下，不断吹罐顶上部土壤，形成排气通道，把油气排出罐外。

在5号罐燃烧过程中形成的热波，以1m/h的传播速度向罐底扩散，温度为150~310℃左右，持续加热罐底冷油。当燃烧至一定时间时，罐底的水或乳化液被加热至沸点以上，并很快转化为蒸汽，以1700倍的体积膨胀，大量蒸汽气泡通过黏性油层被泡沫夹带出，甚至被强大的蒸汽膨胀力甩出罐外，继而点燃了4号罐外的油气层。由于罐顶排气管上没有安装阻火器，致使罐顶火焰蹿入罐内，酿成爆炸事故。

（3）1号、2号、3号罐起火爆炸原因。

5号罐爆炸前，1号罐已入油4100t，吸入空气约$5000m^3$，2号罐和3号罐分别存油7546t和7394t，处于满罐状态，从油气状况分析，1号罐处于爆炸范围内，2号、3号罐处于富气状态。5号罐爆炸起火时，虽然对1号、2号、3号罐进行了冷却，但由于受到强烈辐射热的影响，罐内温度仍呈上升趋势，压力也在上升。1号、2号、3号罐均是梁柱式罐顶，其承压能力较低，在内压过高情况下，罐顶会局部撕裂，出现裂缝，使油气外泄，在罐外形成燃烧介质。从罐顶散落的顶盖碎片来看，有可能4号罐爆炸时，顶盖爆飞，落向1号、2号、3号罐，把罐顶砸破，造成油气泄漏。在上述条件下，当5号罐沸溢喷溅时，喷溅的火星先后点燃1号、2号、3号罐外的油气混合物。因1号罐处于爆炸范围内，因而引起爆炸，将罐顶炸飞，而2号、3号罐处于富气状态，因此在破裂处发生燃烧。

4.6.3 事故启示

尽管这次火灾爆炸事故原因比较复杂，有些情况还是很难预料到的，但从事故中反映出该油库在设计、使用、管理等方面确实存在一些问题。

（1）油库规划布局存在缺陷。

黄岛油库储油规模过大，生产布局不合理，黄岛面积仅5.32km^2，却有黄岛油库和青岛港务局油港两家油库区集中分布在不到1.5km^{2}的坡地上。早在1975年就形成了34.1×10^4m^{3}的储油规模，随后相关部门先后进行投资，使黄岛油库储油规模达到出事前的76×10^4m^3，从而形成油库区相连、罐群密集的布局。黄岛油库老罐区5座油罐建在半山坡上，输油生产区建在临近的山脚下。这种设计考虑了利用自然高度差输油节能，却忽视了消防安全要求，影响对储罐的观察巡视。一旦发生爆炸火灾，首先殃及生产区，给黄岛油库区的自身安全留下了隐患。

（2）混凝土油罐先天不足，固有缺陷不易整改。

黄岛油库4号、5号混凝土油罐始建于1973年，当时我国缺乏钢材，是在战备思想指导下边设计、边施工、边投产的产物。这种混凝土罐内部钢筋错综复杂，透光孔、油气呼吸孔、消防管线等金属部件布满罐顶。使用一定年限后，混凝土保护层脱落，钢筋外露，在钢筋捆绑处、间断处易受雷电感应，产生放电火花，如遇周围油气处于爆炸极限内，则会引起爆炸。混凝土油罐罐体极不严密，随着使用年限延长，罐顶预制拱板产生缝隙，形成纵横交错的油气外漏孔隙。混凝土油罐多为常压油罐，罐顶因受承压能力限制，需设通气孔泄压，通气孔直通大气，在罐顶周围经常散发油气，形成潜在风险因素。

（3）防雷设施不符合要求。

混凝土油罐只注重储油功能，大多数因陋就简，忽视消防安全和防雷避雷设计，安全系数低。1985年7月15日，黄岛油库4号混凝土油罐遭雷击起火后，分别在4号、5号混凝土油罐四周架设了4座30m高的避雷针，罐顶部装设了防感应雷屏蔽网，因油罐正处于使用状态，网格连接处无法进行焊接，均使用铁卡压接。

经勘查发现，大多数压固点锈蚀严重。经测量其中一个被大火烧过的压固点，电阻值高达 1.56Ω，远大于 0.03Ω 的规定值。

（4）消防设计错误，设施落后，力量不足，管理不到位。

黄岛油库是消防重点单位，实施了以油罐上装设固定式消防设施为主，两辆泡沫消防车、一辆水罐车为辅的消防备战体系。5 号混凝土油罐的消防系统为一台每小时流量 900t，压力 0.8MPa 的泡沫泵和装在罐顶上的 4 排共计 20 个泡沫自动发生器。这次事故发生时，油库消防队冲到罐边，用了不到 10 分钟就不能使用了。在事故发生时，刚刚燃起的油火火势并不大，淡蓝色的火焰在油面上跳跃，这是及时组织灭火施救的好时机。然而罐顶的消防设施因日常检查维护困难，平日不敢做消防演练，应用时无法发挥作用。当爆炸发生时，消防设施也随着罐顶被一起炸飞。

（5）油库安全生产管理存在漏洞。

1975 年以来，黄岛油库已发生雷击、跑油、着火事故多起，由于发现及时才未酿成严重后果。1988 年，原石油部曾发布《石油与天然气钻井、开发、储运防火防爆安全管理规定》，而黄岛油库上级主管单位并未将该规定下发。这次事故发生前的雷雨期间，油库一直在输油，外泄的油气加剧了雷击起火的危险性。4 号、5 号罐罐顶各有一个用 9 层钢丝网遮盖，且简单捆扎常年敞开的取样孔，这违背了油罐顶必须严密的规定。油库 1 号、2 号、3 号罐的间距仅为 11.3m，远小于安全防火规定的 33m。青岛市公安局几次下达火险隐患通知书，要求限期整改，停用中间的 2 号罐，但直至事故发生，2 号罐也未停用。

对于这场特大火灾事故，国家领导人指示：需要认真总结经验教训，要实事求是，举一反三，以这次事故作为改进油库区安全生产的可以借鉴的反面教材。应从以下几方面采取措施：

（1）各类油品企业及其上级部门必须认真贯彻“安全第一、预防为主”的方针，各级领导在指导思想上、工作安排上和资金使用上要把防雷、防爆、防火工作放在头等重要位置，要建立健全针对性强、防范措施可行、确实解决问题的规章制度。

（2）对油品储、运建设工程项目进行决策时，应当对包括社会环境、安全消防在内的各种因素进行全面论证和评价，要坚决实行安全、卫生设施与主体工程同时设计、同时施工，同时投产的制度。切不可只顾生产，不要安全。

（3）充实和完善《石油设计规范》和《石油天然气钻井、开发、储运防火防爆安全管理规定》，严格保证工程质量，把隐患消灭在投产之前。

（4）逐步淘汰非金属油罐，今后不再建造此类油罐。对尚在使用的非金属油罐，研究和采取较可靠的防范措施。提高对感应雷电的屏蔽能力，减少油气泄漏。同时，组织力量对其进行技术鉴定，明确规定大修周期和报废年限，划分危险等级，分期分批停用报废。

（5）研究改进现有油库区防雷、防火、防地震、防污染系统；采用新技术、高技术，建立自动检测报警联防网络，提高油库自防自救能力。

（6）强化职工安全意识，克服麻痹思想。对随时可能发生的重大爆炸火灾事故，增强应变能力，制定必要的消防、抢救、疏散、撤离的安全预案，提高事故应急能力。

4.7 油料仓库油罐雷击爆炸事故

4.7.1 事故经过

1980 年 5 月 26 日，某油料仓库主油洞库三号主引道，发生了一起雷击爆炸事故。洞口混凝土被覆全部塌毁，240m 的主引道严重破坏，17 个密闭门、木制门破损，60m 通风管报废，18 个金属罐顶不同程度地塌陷，总损失 11 万元。事故发生后，全库齐动员，在 12 个单位 198 人的大力支持下，奋力抢救 34h，才彻底扑灭因爆炸引燃的防潮木炭的明火。在抢救中，18 人中毒昏倒，其中两人死亡。

这个油库是坑道式油库。雷击爆炸的是一条储备汽油、柴油、喷气燃料的洞库。这条主油洞库是人字形坑道，全长一千多米，共分 3 个口，其中 3 号口到中心岔口接头处 387m。全洞安装有 2000m^3 金属罐 18 个。由三岔口到 3 号口依次排列 12~18 号罐，全部储存汽油。在 3 号口第三道与第五道密闭门之间 135m 通道内，存放着用草袋装的吸湿用木炭，高 1.8m、宽 1.2m、长 125m，约计 40t。3 号口外面，从洞内引申出长 16.45m、高 2.82m 的 6 条金属油气管线，并砌岩石管沟和保护井。距管线 5m 远处，安装了高 12m 的避雷针；为加强洞内的自然通风，1978 年在洞的出口处，安装了用200L油桶焊接并列成三角形的通风竖井，高14.45m，顶端安了避雷针。接地线用4mm×60mm扁钢与油气管线避雷针的接地极联在一起。4月30日，测定避雷针接地电阻为20Ω，避雷针接地导线无折裂和脱落、断路现象。

5月26日下午，该库所在地区有雷阵雨，夹带冰雹。14时20分，该库8人在3号口以西200m处避雨。有5人见到3号口对面山上有闪电，8人听到隆隆雷声。十几分钟后雨停了，4人路经3号口，发现通风竖井已倒，洞口坍塌，便立即打电话报告领导。15时，仓库全体人员赶赴现场进行抢救。23时以后，邻近城市的矿山救护队、消防队等兄弟单位先后赶到，采取积极措施进行抢救，于28日彻底扑灭爆炸现场的木炭明火，杜绝了更大事故发生。洞口被覆，设施全部摧毁。洞口头部长十几米的混凝土被覆全部龟裂塌落。第一道门扇、门枢碎裂，溅飞40多米远，包在门上的铁皮皱褶卷曲，通风竖井被推倒在6.5m处，石砌的交通壕多半倒塌。

3号口主引洞混凝土被覆断裂塌落，拱顶塌落8处，长2~19m，宽0.5~2m，1~4道密闭门之间135m全部龟裂。侧墙有7处大的倒塌，左侧墙有4处向外塌出，长2~21m、高0.5~1.5m，凸出20~50cm。右侧墙有3处向外塌出，长1.5~7.5m，向外凸20~40cm。3号主引道、单体间、房间的密闭门、隔离门等均有不同程度的损坏。最严重的是主引道上的密闭门、隔离门全部摧毁，有的门扇、门枢飞进洞里70多米远。单体间的混凝土门大部分凹进变形，铁丝网上的水泥粉碎，防爆灯具和橡胶电缆断裂。3号主引洞的灯具损坏几十个、橡胶电缆有330m崩断，12~18号罐的U形压力计全部损坏。

18个罐顶都有不同程度塌陷，塌陷最大、最深的是1号罐，下降深60cm，塌陷直径800~900cm。陷坑最多的是7号罐有19处，占罐顶面积的$\frac{1}{4}$。

4.7.2 事故原因分析

为查明原因，邀请了电力学院高压研究所、东电技改局、沈阳和丹东等单位有关专业技术人员到现场查看，座谈讨论。经过现场勘察和调查分析认为，此次事故是由于3号引洞内积聚了易燃易爆气体，雷击放电跳火引燃了洞内易燃气体。雷电进入洞库可能有两个途径：一是在落雷时，有感应过电压顺着架空电话线进入洞内，造成各管线间的电位差，在两者间的小间隙上产生电火花；二是雷击3号洞外的油气管，雷电流引入洞后产生电火花。

1979年11月12日至12月13日该库为防止洞库潮湿，解决混凝土墙潮湿问题，在洞壁上普遍刷了涂料，用苯乙烯焦油4680kg，二甲苯稀释剂850kg。油罐、管线防腐涂刷沥青底漆460kg，红灰硝基漆290kg，铅粉底漆40kg，乙酸乙酯稀释剂200kg。各种涂料共计6527kg。

（1）洞内空间体积。主引洞8052m^3，除去木炭体积1600m^3，主引洞实际体积为6452m^3，支引洞835m^3，各工作间1206m^3，通风间144m^3，单体罐间空间14220m^3，共计22857m^3。

（2）易燃易爆气体浓度。经过计算确定，洞内产生可燃苯等混合气体的总体积为576.25m^3，在洞内密闭及标准条件下，涂料溶剂完全挥发时，洞内的苯类混合气体浓度为2.52%，但在通风条件下，易燃易爆气体浓度很低。

（3）木炭吸附大量苯类混合气体。1979年2月，为防止洞库潮湿，延长设备寿命，该库主引洞2号、3号口引道内各存放了40t木炭。爆炸后我们进行了化验分析，木炭不仅吸收空气内水分，而且也吸附了各种易燃易爆气体。爆炸后，我们把木炭送石化科学研究所和沈阳化工研究院进行了光谱化验鉴定，获知木炭内含有苯、甲苯、二甲苯等物质。又对木炭的吸附量进行了类似洞库条件下的小型试验，每克木炭一昼夜可吸附回收苯和二甲苯气体共0.0115g。每吨木炭可吸附11.5kg，40t木炭共吸附460kg，这是木炭在完全干燥的情况下可达到的吸收量。在涂刷各类漆料时，三个洞口全都进行自然通风和机械通风。通常情况下，1号、2号洞口是进风口，3号是出风口。大量苯类混合气体要经过3号口堆放的木炭排出洞外。从1979年11月12日至1980年3月19日密闭的128天中，这样堆放的40t木炭处于吸收又呼出苯类等易燃易爆气体的状态。

（4）木炭释放混合气体。2月19日，主油洞库三个口的各道密闭门都进行了密闭。各口的防护门，除3号口的防护门因闭锁装置失灵未关严外，也都关严密闭。2号、3号洞口的密闭门内外，还粘上了塑料薄膜，一点空气都不透。到5月26日，共密闭了68天。在密闭期间，3号主引洞1~4道密闭门内，存放的木炭至少释放苯、二甲苯等混合气体153kg以上。这段引洞的空间体积为617.9m^3。苯、二甲苯的混合气体浓度为5.28%。二甲苯的爆炸极限为1.1% ~6.4%。

根据现场勘察和物证分析认为，造成此次事故的原因是：雷击3号口油气管，雷电流沿油气管线进洞，并在引洞内放电跳火，造成洞内的苯类混合气体爆炸。

（1）3 号洞口外部设施的雷击痕迹。

露天油气管上的解放绿变黑变脆，从 3 号主引道引出的 ϕ64mm × 5mm 低碳钢管长 16.45m，露天部分长 10.5m，8m 油气管的顶部弯头有雷击烧伤痕迹。中国科学院沈阳金属研究所化验分析："管子的外表面涂有解放绿色防护油漆，漆面有光泽，说明它没有老化。漆面上有多处变黑区域，表面光泽消失，黑区的边界不清。用显微镜观察黑区变化的表面，发现它已严重龟裂，有些地方已严重碳化，并且有烧焦的特征。黑区的油漆变得脆硬，用小刀轻轻一刮就剥落下来。但油漆的附着面的底漆颜色未变。"这证明表面温度很高，作用时间很短。根据以上的观察，管子表面变黑区是雷击火花形成的。

通风竖井镀锌拉线熔断，竖井拉线是由 ϕ43mm8 号铁线组成的，共有 3 条。竖井倒后有一条断裂，经中国科学院沈阳金属研究所分析，这根拉线断裂是高温熔断的，断口处用显微镜放大，可明显地看出断口附近产生了较大的塑性变形。还有一段喷射状的变黑区，断口附近的镀锌层已完全损坏。锌的熔点是 413℃，沸点是 907℃，根据镀锌层完全烧损的情况判断，断裂时铁线所受的温度应高于 907℃。比较铁线断口附近和正常区的金相组织，发现断口附近的珠光体比正常区的多且粗大，更接近退火组织。断口附近的铁线已被拉细，它的珠光体组织应变得更加细长，但实际情况恰恰相反，这证明铁线在断裂时受过高温作用而被退火。

（2）3 号洞口内外金属物的剩余磁场。

1980 年 6 月 21 日（雷击 25 天后），对 3 号洞口内外的金属设施，用 CTS 型高斯计进行了磁场测定。共测量 29 个部位（见表 4–2），都带有不同的磁性，其中通风竖井底座的铁板左下角磁场最强，为 17Gs，竖井左拉线为 9Gs，右拉线为 10.5Gs；汽油管线出土弯部为 6Gs。3 号口外部金属物磁场较强，内部金属物磁场较弱。这些金属物带有剩余磁场现象，乃是雷电作用产生的。

（3）雷电流导入洞内放电。

油气管受到雷击后，雷电流沿油气管线导入洞内。由于油气管线的静电接地线，接在电气设备保护接地线的固定连接线的 U 形螺丝后边，当雷电流沿油气管线进洞后，不能完全流入大地，结果一部分顺 U 形螺丝导入电气设备保护接地线，进入 3~4 道密闭门内。雷电流入洞后，一是因 U 形螺丝固定不牢，发生放电跳火；二是电气设备保护接地线和固定线接触不良或保护接地线对洞壁间放电，产生电火花（表 4.2）。

表 4.2 主油洞 3 号口剩余磁场测量表 单位：Gs

序号	测量物体	数值	序号	测量物体	数值
1	铁栅门	2.5	14	静电接地线	4
2	第一道密闭门	4.5	15	油气管防火器	3
3	第二道密闭门	4	16	通风竖井左拉线	9
4	第三道密闭门	3	17	竖井右拉线	10.5
5	第四道密闭门	3	18	竖井北拉线	1
6	防护门	5.5	19	竖井工字钢	12.5
7	通风门	2	20	竖井上部	6
8	输油管线	5	21	竖井边沿	1
9	汽油管线	5	22	竖井避雷器上部	5
10	输油管线阀门	9	23	竖井避雷器下部	12
11	汽油管线阀门	5	24	竖井底部钢板	17
12	三岔口门	4	25	竖井底部轨道	7.5
13	灯具	3			

4.7.3 事故启示

（1）引入洞库的呼吸管、通风管等应采取可靠的防雷措施。洞库油罐置于洞内，对罐体不存在防雷要求。但是，洞库油罐的呼吸管和通风管通过坑道引出暴露在洞外，当直击雷或感应雷的高电位通过这些管线引入洞内时，有可能就在某一间隙处放电引燃油气而造成爆炸火灾事故。因此，暴露在洞外的呼吸管和通风管应装设独立避雷针保护，其保护范围应高出管口 2m 以上，避雷针的尖端应设在爆炸危险空间以外（尖端高出管顶 4m），避雷针的位置应距管道 3m 以上。

对于进入洞内的输油管线，从洞口算起，当其洞外埋地长度超过 50m 时，可不设接地装置；当其洞外部分不埋或埋地长度小于 50m 时，应在洞外做两次接地，接地点间距小于 100m，接地电阻小于 20Ω。这样，可使地面和管沟管线受到雷击或雷电感应产生的高电位在引入洞内之前大大降低，避免在洞内引起雷击事故。

对于进入洞库的电力和通信线路，雷击时，也可能沿架空线路将高电位引入洞库造成爆炸火灾事故。因此，要求电力和通信线路采用铠装电缆埋地引入洞内，并在洞口设切断装置。由架空线路转换为电缆埋地引入洞内时，由洞口至转换处的距离不应小于50m。电缆与架空线的连接处，应装设阀型避雷器。避雷器、电缆外皮和瓷瓶铁脚应做电气连接并接地，接地电阻不大于10Ω。

（2）电气设备的保护接地、储输油设备的静电接地、变压器的中心接地，特别是避雷接地要分开。前面的三个接地，通常在设计上都按等电位考虑。而合二为一的接地法，这在理论上虽有道理，但在实践中会给油库管理带来很大危险。油库的罐、管、泵、阀以及电气设备等，有成千上万个焊点、接头，一旦腐蚀、断裂，人工修理时很容易形成局部开路，产生电位差，形成对地电位不平衡，容易发生事故。

（3）洞内应尽量减少涂刷容易产生易燃易爆气体的涂料，必要时，一定要做好通风，排尽易燃易爆气体。因罐间、房间等有死角，通风不良，易燃、易爆气体容易聚集，故洞内设备保养，应选择通风季节进行，保养完毕后，要有足够的通风时间。除油罐、管线等设备外，洞壁必须禁止涂刷产生易燃易爆气体的涂料。

（4）在洞库防潮与防爆问题上，思想有片面性，缺乏科学性。为了做好防潮防腐蚀，在洞内刷了各种涂料5477kg，用稀释剂10.5kg，放置了80余吨木炭。对这些涂料的挥发，易燃易爆气体的产生、积聚等问题，认识不足。因而在处理具体问题时，只偏重于防潮，未能正确处理通风与防潮、防潮与防爆的关系。洞库密闭后，没按要求适时通风、排除有害气体，使洞内吸湿木炭吸附后又扩散了大量可燃气体，在这种情况下，雷电引起洞内爆炸。事前，5月6日，工作人员曾到密封着的木炭处开过油气阀门，当晚在班里议论过洞内气味浓，感到头发晕。次日，助理员接班时检查了洞库，只发现有6个阀门换填料时有点渗漏，并不像工作人员所说的那么严重，感到问题不大，向库领导反映了情况。库领导检查时，认为渗漏微小，不必通风。对于密封着的木炭处，总感到那里没有油，不会出问题，因而封死后，没去检查。

（5）在油库管理上，执行规章制度不够严格认真。洞内的防护门和密闭门按要求是应关闭的，但这次爆炸前多数没有关闭，有的多年关不严，闭锁装置不全。洞内有些易燃物没有及时清除。各级检查制度平时虽然坚持了，但检查不细、不全面、只重于油罐、阀门等，忽视其他方面的检查。

（6）没有洞库消防方案及应急措施。洞库内发生火灾或其他意外事故，如何组织扑救，如何进行抢险，没有方案，同时也缺乏有害气体条件下的灭火训练和抢救的基本知识，因而在洞内发生火灾时束手无策，在同志们英勇抢救时又因知识欠缺，没有保护设备，致使多人中毒，有的牺牲。

4.8 德国艾森州炼油厂油罐雷击爆炸起火事故

4.8.1 事故经过

1979 年 3 月 31 日，德国艾森州某炼油厂油罐遭雷击发生爆炸起火，炸毁油罐 1 座，烧毁原油 241t，经济损失 26 万元。

当日天气阴沉，17 时 15 分，随着一声惊雷，储罐区 318 号原油罐被雷电击中，爆炸起火。罐顶全部炸毁，罐内支撑物大部分坍塌，内壁水泥剥落，钢筋外露，导致整个油罐体报废。起火时，位于 318 号罐南面 14.71m 的 319 号油罐和西北面 30.43m 的 317 号油罐等都受到严重威胁。公安消防队和本厂消防队到场后，一面扑救着火油罐，一面出水冷却相邻的油罐。经过 1h 的奋力扑救，将大火扑灭，保护了邻近油罐的安全。

4.8.2 事故原因分析

此次爆炸事故主要原因之一是油罐设计的缺陷。在雷击时在油罐钢筋连接点产生了火花。此钢筋混凝土油罐的罐壁、罐顶及罐内支撑物的钢筋都没有互相连接，也未连成整体进行再接地。因此，罐内这些钢筋各自形成许多单个闭合状态，在雷击的瞬间，在这些闭合回路上，由电磁感应产生很强的感应电动势和感应电流。在钢筋连接点，因接触电阻较大，发生电火花。加上施工质量较差，罐顶与罐壁接合处钢筋外露，成了引起爆炸的薄弱环节。

二是起火的 318 号原油罐，是钢筋混凝土结构，属半地下式油罐，坐落在半山腰上，标高 29.5m，罐高 9.65m，直径 48m，容积 15000m^3。当天早晨 7 时 40 分，该罐抽空停用，罐内残留油位高 0.82m，约有 860t 原油。因此，经过 10 余小时挥发，罐内油面以上约 14000m^3 的空间已充满油蒸气与空气混合的爆炸性气体，遇到雷击火源即发生爆炸。

4.8.3 事故启示

（1）施工未达到防雷要求。按防雷和保护油罐的要求，顶部应覆土 50cm 厚，罐壁也应培土。可是，发生爆炸的油罐覆土厚度不足规定厚度的一半，罐体也有相当部分暴露在外，因此，油罐容易遭雷击。

（2）避雷针不符合要求。该油罐虽然安装了 4 支避雷针，但设置的位置不对称，距离也不等，其中有的避雷针比设计高度低，另有一支已经倒下。据计算，318 号油罐的罐顶大部分不在避雷针的保护范围内，起不到避雷的作用，因此避雷设施的检查维护十分重要。

（3）该油罐区未设防护堤，险些酿成更大事故。

发生火灾时，罐内仅有少量残存油，油面在地平面之下，所以，发生爆炸后才没有油品溢出。如果是满罐，地平面以上部分就有数以千吨计的原油，若罐体炸坏后，必然有大量油品外溢流淌。尤其是该油罐设在半山坡上，带火的原油会倾泻直下，可能形成大面积燃烧，而且封住消防通道，产生连锁反应，后果不堪设想。因此，对半地下油罐也应按照地平面以上部分的储量在下坡设置防护堤，以保安全。

4.9 新加坡布星岛码头燃油储罐雷击火灾事故

4.9.1 事故经过

2018 年 3 月 20 日 17 时 50 分左右，Tankstore 石油公司在新加坡布星岛（Pulau Busing）码头的终端站燃油储罐（T454）发生火灾事故。事故发生后，消防局接到报警后出动 128 名消防员、31 辆消防车、2 台大流量泡沫炮（6000gal/min）进行救援。经过 6h 奋战，储罐大火被扑灭，罐体未发生坍塌，未波及周边储罐，也未造成环境污染和人员伤亡。

Tankstore 石油公司在新加坡布星岛（Pulau Busing）码头的终端站总储存容量为 $200 \times 10^4 m^3$，最大的储罐容量为 $6 \times 10^4 m^3$，事故罐 T454 的容量为 $4 \times 10^4 m^3$。布星岛是工业岛，位于新加坡本岛外西南部，由裕廊镇集团管理。岛上不仅有石油和化工厂，还有炼油厂。据初步调查分析，本次事故可能是雷击引起储罐着火（图 4.8 和图 4.9）。

图 4.8 储罐起火情况

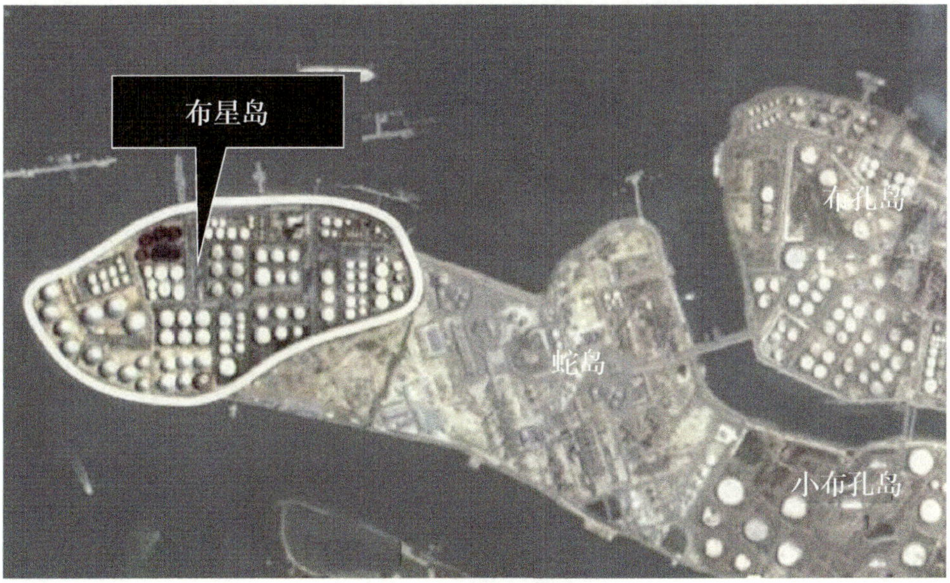

图 4.9 事故储罐位置

4.9.2 事故原因分析

经调查分析，雷击是造成燃油储罐着火的主要原因，原油储罐密封间存在油气空间也是造成事故的必要条件之一。依照 SY/T 0511.4—2010《石油储罐附件》第 4 部分（泡沫塑料一次密封装置）和第 5 部分（二次密封装置）：浮顶储罐采用一二次双重密封减少了油品在储存过程中的蒸发损失和损耗，保证罐内油品质量。但是，在一次、二次密封之间形成了油气空间，依据爆炸性气体环境危险区域划分应为1区，在与雷雨天气叠加的时候，容易引发雷击爆炸火灾。

浮顶油罐在一次、二次密封之间形成油气空间的因素有以下几点：

（1）与罐壁间距不均匀，导致一次密封无法与罐壁紧密接触，从而油蒸汽进入一次、二次密封空间。

（2）与罐壁间距不与罐壁间距不均匀，导致一次密封无法与罐壁紧密接触，从而油蒸汽进入一次、二次密封空间。

（3）储罐橡胶密封圈长时间接受阳光照射，风蚀，发生变形或老化，储罐密封不严导致油气积聚，遭遇雷击后引发火灾。

4.9.3 事故启示

（1）提高储罐施工质量，加强储罐日常维护保养，减少罐体变形。及时清理浮盘和罐壁上的油污，减少油气挥发。

（2）定期检查和更换密封材料确保质量符合要求。进一步提高密封弹性范围和弹力，弥补因罐壁变化及罐壁与浮盘之间距离不均引起的密封效果下降。

5 腐蚀失效事故案例

5.1 Sunoco 公司储罐罐底板腐蚀泄漏事故

5.1.1 事故经过

DC9 储罐建于 1948 年，储罐底部由约 1cm 厚的边缘板和 0.64cm 厚的内底板组成。储罐隔热，没有配备加热盘管，储存原油的温度约 32.2℃。该罐底部由高密度聚乙烯衬垫（HDPE）与 100mm 厚的混凝土基座和初始的钢铁底板组成。报告显示 HDPE 衬垫状况良好。在 1992 年之前，储罐阴极保护装置处于有效状态，但由于 1992 年安装了双层底板，阴极保护装置失效。

1992 年 Sunoco 公司按照 API 653 实施停产检测，发现了 5 处需修复的缺陷。此次检查之后，整个罐底被更换，并增加了一层新的保护性玻璃纤维增强塑料（FRP）涂层。

自从 1992 年停产检测并更换了罐底以来，DC9 储罐处于正常使用状态。在 2011 年 2 月 8 日发现泄漏之前，未发生泄漏或运行问题的报告。

DC9 储罐的检测历史记录见表 5.1，检测标准为 API 653。

表 5.1 DC9 储罐检测历史记录表

日期	类型
1992 年 5 月 11 日	停产检测
1993 年 9 月 28 日	认证检测
1997 年 8 月 5 日	不停产检测
2002 年 8 月 1 日	不停产检测
2007 年 6 月 5 日	不停产检测

2011 年 2 月 8 日深夜 12 时 13 分左右，油库内一名操作员在例行巡检过程中发现 DC9 储罐周围的储罐区存在泄漏原油。泄漏确认后，Sunoco 立即开始将 DC9 储罐内原油转移至 35 号储罐。DJA 检验服务公司按照 API653 标准进行了停产检测，并于 2011 年 4 月 20 日发布了检查报告。

5.1.2 事故原因分析

（1）储罐更换双层罐底板导致阴保和防腐层失效。

此次泄漏的直接原因主要是双层罐罐底内侧的顶部腐蚀和外侧的土壤腐蚀共同造成的罐底穿孔。顶部腐蚀是由于 1992 年更换罐底时涂覆的 FRP 保护涂层材料失效造成（图 5.1）。

图 5.1 腐蚀穿孔

（2）缺少罐底板泄漏监测系统。

由于 DC9 储罐属于双层罐，此次事故发生时，泄漏物首先集中在储罐外层罐底板中央，而 Sunoco 公司没有在储罐罐底安装泄漏监测系统，不能及时发现泄漏油品从而导致油品外泄。

（3）未按计划进行储罐大修。

DC9 储罐于 1992 年 12 月 9 日按照 API–653 进行停产检测，自此之后约 20 年时间内该储罐未进行停产检测大修，未能及时发现潜在的腐蚀缺陷。

5.1.3 事故启示

（1）改进双层储罐罐底板的阴极保护系统。

此次发生腐蚀泄漏事故的 DC9 储罐在 1992 年之前为单层罐，阴极保护系统一直有效。公司在 1992 年安装了双层罐底板，双层罐底的储罐容易出现阴极保护系统屏蔽或干扰，导致阴极保护效果不佳或失效。针对此类问题，美国环保局明文规定，地下储罐设计时一般采用深井阳极技术，已达到保护电流均匀、减少屏蔽和干扰等目的。针对已建储罐补充添加阴极保护出现斜井阳极地床、新建储罐采用混合金属氧化物网状阳极系统。

因此，建议国内油气管道运营部门参考国外法规标准规定，对双层罐底板的阴极保护系统设计进行适用性研究，改进双层储罐罐底板的阴极保护系统。

（2）在双层罐罐底板中央加装泄漏监测系统。

由于此次事故发生时，泄漏物首先集中在储罐外层罐底板中央，而 Sunoco 公司没有在储罐罐底安装泄漏监测系统，不能及时发现泄漏油品从而导致油品外泄。

因此，建议国内油气管道运营部门借鉴此次事故发生的原因，在双层储罐罐底板中央加装泄漏监测系统。

（3）严格按照标准规定执行储罐的停产检测大修，国内规定储罐首次大修时间不超过 10 年，之后为 3~5 年。

5.2 Buckeye 公司储罐罐底板低周疲劳腐蚀泄漏

5.2.1 事故经过

2012 年 7 月 13 日上午 11 时 30 分左右，Buckeye 公司工作人员发现公司 Macungie 站场 230 号储罐区发现了汽油泄漏。此次事故造成 1.43m^3 汽油泄漏至储罐区，230 号储罐位于指定的 HCA 内，但事件没有造成人员伤亡、撤离或汽油供应中断。

Buckeye公司（Buckeye Partners，LP）在宾夕法尼亚州的Macungie站场拥有并经营一个缓冲罐罐区。成品油定期被运送到罐区临时储存，随后通过管道和油罐车运出。发生泄漏的230号储罐是1974年建造的常压缓冲储罐，直径33.5m，高14.6m，属于内浮顶储罐，受CFR第49部195部分监管。

在2012年7月13日发生泄漏之前，230号储罐均处于正常运行状态。该公司1997年2月4日聘请DJA检验服务公司对此次发生泄漏的储罐进行过一次内部检查。当时，该公司对底板进行了100%漏磁检测，并使用超声波读取了罐底厚度数据。该公司根据需要对所有凹坑进行了修复，修复结果表明储罐底板的理论寿命约为24年。

2008年对230号储罐进行了外部检查，内容包括使用超声波对储罐外壳、接头和顶部进行厚度数据读取。

2012年7月13日上午11时30分左右，在Buckeye Macungie站场对230号储罐进行月度检查时，一名操作人员发现储罐旁有土壤被污染。

确认存在泄漏后，公司启动了应急响应程序，并做出了及时的应急响应通知。230号储罐被隔离并排空，应急人员在污染土壤区域开挖了三个监测井。在离储罐最近的一处监测井中存在汽油味，但未观察到游离油品。在储罐排空过程中，操作人员一直对三处监测井进行监测，未发现油品，随后储罐被排空并清洗。

5.2.2 事故原因分析

储罐外部点腐蚀导致罐底板出现低周疲劳裂纹。泄漏直接原因被确定为储罐罐底板上出现的一个微小裂缝，导致储罐罐底板出现微小裂缝的原因在于罐底板发生腐蚀所引起的低周疲劳裂纹。

低周疲劳裂纹的根本原因与储罐外部点蚀导致的罐壁损伤直接相关。外部点蚀会增加储罐罐底板应力，在某些情况下，甚至会使局部应力增加一倍以上。同时，由罐壁损伤所引发的应力增加，导致靠近底板焊缝处产生裂纹并使其延伸，直至出现裂缝。

5.2.3 事故启示

通过地下水监测井确定污染边界，降低油品泄漏污染后果

Buckeye公司在确认230储罐泄漏后，立即启动了应急响应程序，应急人员在

污染土壤区域开挖了3口地下水监测井。在离储罐最近的1处监测井中发现汽油气味，但未观察到游离油品。在储罐排空过程中，操作人员一直对3口监测井进行实时监测。

因此，建议国内油气管道运营部门借鉴此次事故发生后Buckeye公司所采取的应急响应措施，采用地下水监测井确定油品泄漏污染物的边界。

5.3 Enbridge管道公司储罐进罐管道微生物腐蚀破裂

5.3.1 事故经过

2013年5月18日下午，Enbridge管道公司报告库欣油库3013号储罐进罐管道破裂，造成约397.47m^3原油泄漏。Enbridge公司于1980年从Skelly石油公司收购3013号储罐，一直用来储存原油。库欣油库由Enbridge公司运营，在俄克拉荷马州库欣设有一个末站。该末站由三个运行区域组成：北部、中部和南部末站，总长约3218.69m。南部末站位于俄克拉荷马州林肯县，中部和北站末站位于俄克拉荷马州佩恩县。目前末站内有89个储罐在役，有几个储罐在检或拆除，还有部分在建储罐。89个在役储罐均进行过检查，包括南部末站的28个储罐、中部末站的34个储罐和北部末站的27个储罐。该末站由当地控制室负责运营，属于24小时有人值守站场。3013号储罐容量大于$16 \times 10^4 m^3$，其中发生腐蚀破裂的进罐管道材质为API 5LX X70管线钢，平均壁厚为7.21mm。

泄漏事故发生在5月17日上午，泄漏源位于防火堤外的某排水沟处的3013储罐进罐管道。由于排水沟被植被覆盖，肉眼难以发现，工作人员依靠挥发气味发现了泄漏。工作人员随即对现场条件进行深入调查并计算原油泄漏量。2013年5月18日，美国东部时间下午1点，Enbridge管道公司最终确认了泄漏情况。此次泄漏没有造成人员伤亡、火灾、爆炸或场外影响。现场影响仅限于植被、土壤和隔离池区域。事故共造成大约357.09m^3原油泄漏，其中329.26m^3已回收。金相分析确定，泄漏的直接原因是内部腐蚀。

3013号储罐在一次以API653标准的内部检查中发现，在注入7949m^3石油后发生罐顶漂浮，于2011年5月至2013年5月8日期间停止使用。2013年5月10日，在重新校准了储罐的液位测量仪后，将储罐计算容积增加了 298.74m^3（实际容积并未增加）。2013 年 5 月 14 日，3013 号储罐重新充装，之后未进行过排空或充装作业，同时储罐阀门保持在正常打开位置，除非发生泄漏，储罐将一直处于“准备就绪”模式。

2013 年 5 月 17 日（星期五），Plains 管道公司对其 Basin 管道系统的部分管道进行了维护性清管作业。在白天值班期间，控制员负责指导与库欣末站内管道相关活动协调。EN bridge 外部技术人员与 Plains 全美管道公司的所有人员在北部末站进行清管和管线装填作业。

2013 年 5 月 17 日（星期五）监控和数据采集系统（SCADA）时间 14：39：09，3013 号储罐发生了原油流动警报。虽然控制员确认了警报，但并没有及时处理。之后 3013 号储罐也未发生液位报警。由于在轮班期间没有发生第二次警报，控制员认为第一次流动警报与天气有关，且已经自行清除，就未在交接班（SHO）过程中说明这一情况。

2013 年 5 月 18 日（星期六），从夜班到白班的交接班过程中没有提及任何关于 3013 号储罐的信息。上午 7 时 30 分左右进行的日结库存统计发现数值异常的情况，其数值与 3013 号储罐的罐底部调节数值大致相同；由于控制员没有发现 3013 号储罐的异常现象，所以该人员认为数值异常可能是记录错误。但在周六上午进行库存平衡检查过程中，控制员开始重视这一情况，他决定如果午后数据依然没有恢复正常，就展开进一步的调查。

2013 年 5 月 18 日（星期六）下午 1 时左右，一名外部技术人员在返回控制室时闻到了油品气味并将此信息反馈给控制员，控制员立即下发指令调查 3013 号储罐区域，同时开始对物料平衡信息和趋势数据进行进一步审核。外部技术人员向控制员表明在 3013 号储罐附近没有明显的泄漏迹象，但控制员指出问题可能与 3013 号储罐有关，要求继续检查。随即在泥滩和隔离池内发现了原油泄漏。现场布局如图 5.2。

美国下午 1 时多，操作人员确认，3013 号油罐直径为 24 英寸的进罐管道在穿过排水沟下方的一个低点发生泄漏。泄漏石油已经从排水沟流到附近的隔离池，并通过一条相连排水沟进入另一个更大的隔离池。在确认发生泄漏后，为了防止更多的石油泄漏，罐区内阀门全部关闭。外部技术人员关闭了3013号储罐的隔离阀，并告知控制员3013号储罐进罐管道发生泄漏。控制员发出泄漏响应通知，并在库欣末站办公室下发事故命令（图5.2）。

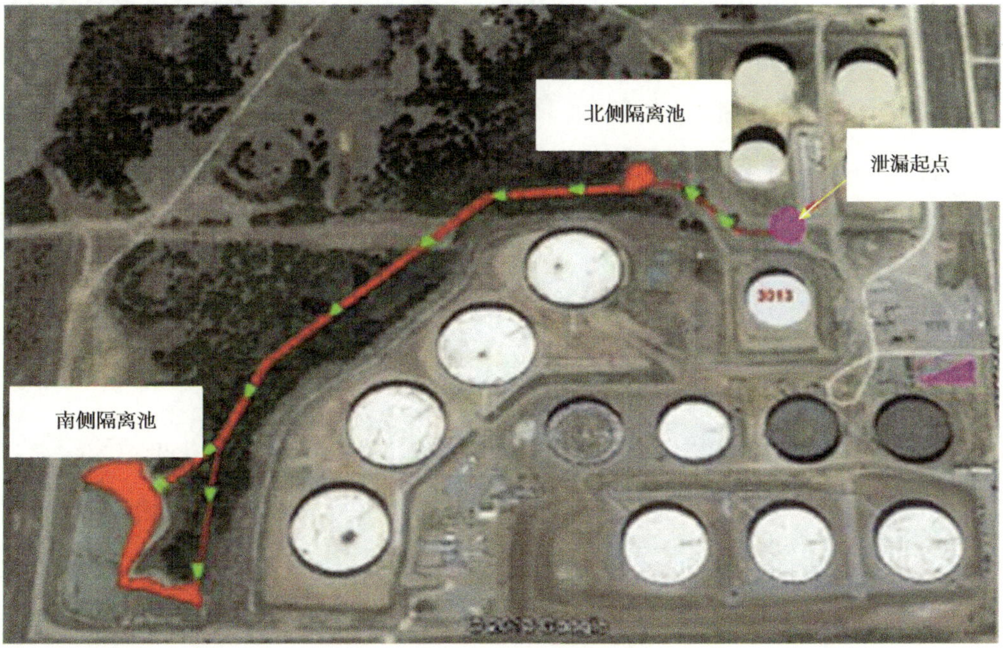

图5.2 3013号储罐现场布局

5.3.2 事故原因分析

（1）微生物腐蚀导致储罐进罐管道发生穿孔。

该段进罐管道的泄漏源自一个长36mm、宽20mm的孔，泄漏孔位于管道底部内腐蚀区域的黑色沉积物下方，腐蚀区域主要集中在管道6时17分的方向并沿管壁不断延伸扩展。管道底部区域出现黑色沉积物的可能原因在于管道内油品处于非流动状态时，管道底部沉积物不断累积引起的。在管道内共发现了四个腐蚀坑，除了泄漏孔100%穿透管壁，其余三个凹坑的管壁穿透率在35%~53%之间。通过将腐蚀管段送往DNV进行实验室金相分析，发现在泄漏点管道内表面检测到高浓度到极高浓度的好氧、厌氧、产酸、硫酸盐等相关细菌。此外，在没有明显腐蚀的区域，从泄漏位置移除的沉积物中检测到的所有五种细菌浓度都属于低、中级别。管道表面微生物的存在，再加上泄漏处的细菌含量较高，可以认为微生物腐蚀（MIC）是此次腐蚀的主要原因。

（2）未能及时处理报警。

泄漏发生后大约2.5小时，超过49.29m^{3}的罐内油品存在流动迹象，触发了罐内液位警报。但操作员错误地认为这是由于恶劣天气影响的误报。

5月17日至18日，操作员每隔2h进行一次储罐容积平衡计算，发现了储罐容量存在无法解释的损失。但是由于在任何计算时间段（2h）内都没有超过所预设的容量预警值，因此并没有对该损失采取行动。

最后，5月18日上午进行的24h储罐平衡计算显示储罐内发生了250m^{3}产品损失。但由于操作员错误地认为该损失与之前的仪器校准校正有关，因此也没有采取行动。如果SCADA反馈的信息得到了正确的解读和执行，就不会导致如此大量原油的泄漏。

5.3.3　事故启示

（1）对特殊环境下储罐或管道的阴极保护系统电位进行差别化设置。

通过分析此次事故发生原因，在3013号储罐进罐管道微生物腐蚀案例中发现在泄漏点管道内表面检测到高浓度到极高浓度的好氧、厌氧、产酸、硫酸盐等相关细菌，此类浓度极高的微生物导致了管道腐蚀穿孔泄漏。

根据美国标准NACE 0169《埋地钢制管道腐蚀控制》，处于常规土壤环境管道的阴极保护系统电位为0.85~1.2V。若管道处于硫酸盐、细菌或高温特殊地区，则其阴极保护系统电流和普通地区的管道存在差异，需要管道公司重新考虑设置特殊地区储罐及其附属设施的阴极保护系统电位。因此，建议国内油气管道运营部门参考NACE 0169《埋地钢制管道腐蚀控制》，对常规环境下和特殊环境下储罐或管道的阴极保护系统电位进行差别化设置。

（2）加强储罐操作员培训，规范储罐操作流程，对报警信号进行及时分析处理。

5.4　Freedom公司储罐罐底板点状腐蚀泄漏

5.4.1　事故经过

2014年1月9日，接到公众对化学品异味的投诉后，西弗吉尼亚州环保局（WVDEP）的检查员前往西弗吉尼亚州Charleston的Freedom公司的化学品储存基地开展调查。抵达后，WVDEP检查员发现396号储罐中的化学品正在泄漏。Freedom公司（Freedom Pipeline，LLC）报告称泄漏罐内为粗甲基环己烷甲醇（MCHM），但13天后Freedom称泄漏物为粗甲基环己烷甲醇和聚乙二醇醚类（PPH）的混合物。化学品通过396号储罐底部的两个小孔泄漏出来，并沿着河流流入邻近的埃尔克河。

Freedom公司的化学品储存基地包括19个地上储罐及其附属的管道设施，储罐分别于1938—1951年期间修建安装，其中1个储罐修建于1991年，容量为8000gal（30.3m^3）。其中发生泄漏的396号储罐修建于1938年，容量46200gal（175m^3），如图5.3所示。

图5.3 Freedom公司的化学品储存基地

396号储罐小孔是由罐体底部内表面上的点状腐蚀造成的。储罐内化学品渗流进入储罐周围的砾石和土壤中，形成多条汇入河流的渗流带。由于最初设计用于控制储罐泄漏事故的防火堤存在的裂缝和年久失修导致的孔洞，化学品通过防火堤流入河流。调查还发现，泄漏的部分化学品从位于邻近储罐底部的地下涵洞进入了河流。

在环境保护局督促下，Freedom公司立刻采取措施控制泄漏，回收泄漏化学品，防止发生进一步污染。然而，大约41.64m^{3}的化学品混合物已经渗流进入周围的土壤和埃尔克河中，并随河流向下游流到美国西弗吉尼亚州公共水处理站（WVAW）的进水口，该进水口位于Freedom公司下游约2.4km处。这次泄漏事件影响了弗吉尼亚州 9 个郡县约 93000 用户（约 30 万居民），包括 Charleston 约 51400 居民。1 月 25 日公共建筑和学校的配水系统收集到的样本显示，4–MCHM 的浓度为 50ppm，持续低于 CDC 设置的 11ppm 安全浓度。

2014 年 1 月 9 日，WVDEP 收到一份对西弗吉尼亚州 Charleston 的 Freedom 工厂空气异味的举报。当天上午 10 点左右，卡纳瓦郡 911 报警中心也接到了关于化学品异味的报告，称在距离 Freedom 工厂大约 2.4km 的 Charleston 州际公路 I–77 和 I–79 号线的交叉路口有一股化学异味。

WVDEP 检查员于上午 11 时 5 分左右抵达 Freedom 工厂讨论空气异味问题。几乎同一时间，1 名 Freedom 公司员工报告 MCHM 原料储罐发生泄漏。Freedom 公司总裁陪同 WVDEP 检查员前往 396 号储罐附近，看到正在发生的泄漏如同向上涌动的泉水一样形成 37.2m^2 的液池，约 70~100mm 深。泄漏化学品正在从液池西北角位置不断地流入一个直径约 0.31m 的地下涵洞，同时从储罐防火堤下面和内部孔洞渗流至旁边的埃尔克河（图 5.4 和图 5.5）。

Freedom 的工作人员使用堵渣口块和吸附剂来封堵泄漏，但由于吸附袋浮在液面，封堵失败了，而且 Freedom 公司没有其他的泄漏控制用品。WVDEP 检查员确定此次泄漏威胁到了下游 2.4km 处的 WVAW 水处理设施工厂的当地公共供水进水口，并下令 Freedom 立即封堵泄漏。

上午 11 时 56 分，WVDEP 收到来自水质署和环保观察员的通知，即 WVAW 观察员发现未知量的粗 MCHM 流入了埃尔克河。当 WVAW 检查员询问 MCHM 是何种物质时，WVDEP 检查员说这是一种凝聚剂或促凝剂。

下午 1 时 5 分左右，真空槽车到达 Freedom 收集淤积的液体和储罐内残液。

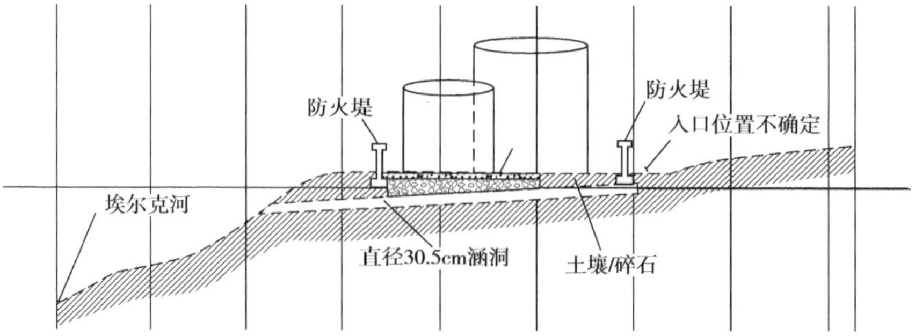

图 5.4 场地下方涵洞的横截面

图 5.5 涵洞排放物

5.4.2 事故原因分析

（1）396 号储罐底部内腐蚀穿孔。

396 号储罐的底部内侧出现凹坑、裂缝和 2 个泄漏小孔。CSB 确定 2 个小孔直径约 19mm 和 10mm，这是储罐泄漏的源头。CSB 授权对发生泄漏的 396 号储罐切割的碳钢取样样本进行金相分析，以确定底部的孔的破坏机理。通过实验室分析，发现泄漏孔洞是腐蚀造成的，而不是从储罐底部外侧刺穿这样的突发的破坏行为造成（图 5.6 和图 5.7）。

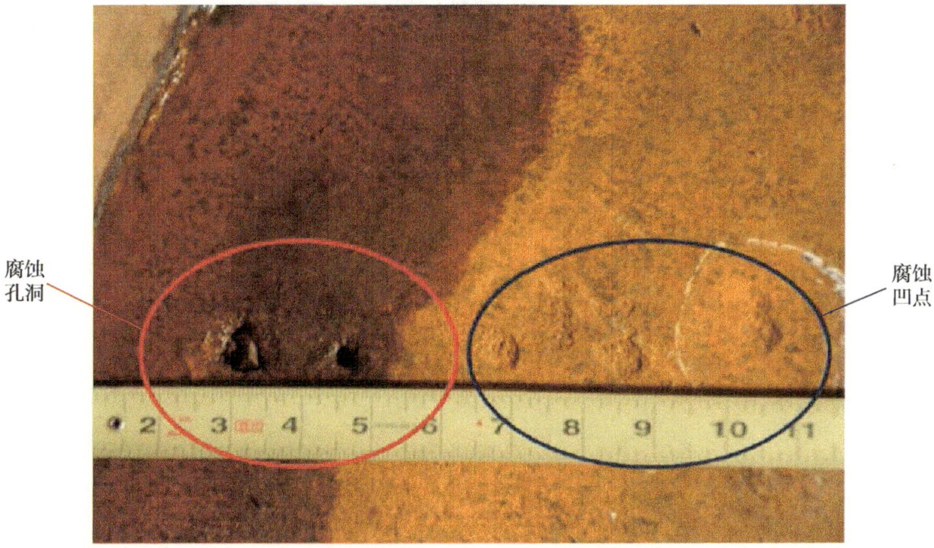

图 5.6 396 号储罐的底部（来源：CSB）

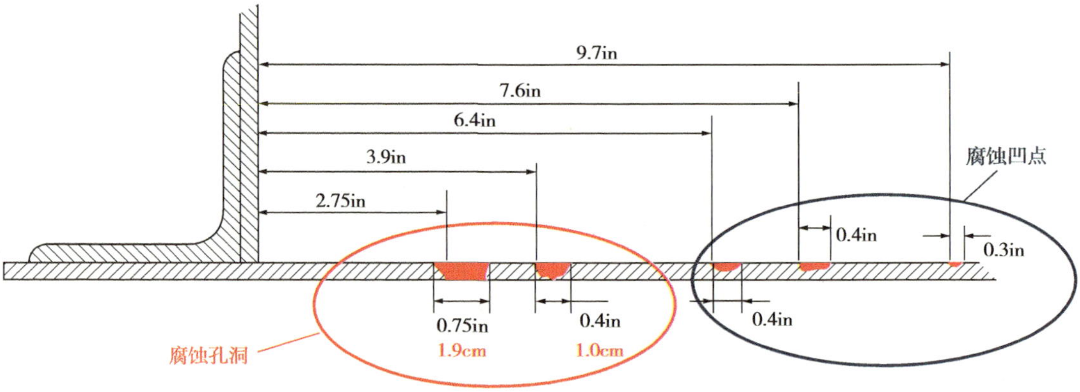

图 5.7　396 号储罐底部和壳壁侧视图

（2）储罐防护堤年久失修出现泄漏孔洞（防火堤形制不合要求，未能按期加固，未做防火涂层）。

396 号储罐内化学品通过内腐蚀小孔泄漏。泄漏化学品渗流进入储罐周围的砾石和土壤中，形成多条汇入河流的渗流带。由于最初设计用于控制储罐泄漏事故的防护堤存在裂缝，并且年久失修导致裂缝逐渐扩展为泄漏孔洞，MCHM 和 PPH 化学物从 396 号储罐底部泄漏，流至防护堤内西北角的低点处，并从防护堤破损孔洞处流出（图 5.8）。

图 5.8　储罐防护堤

（3）泄漏物在土壤渗流作用下，通过罐区雨水排水系统泄漏（储罐底部以及防火堤内地坪未做防渗）。

罐区雨水排放系统包括一个直径为305mm的地下波纹钢管涵洞，起于罐区东北边，横穿防护堤区域到罐区西北边，到达埃尔克河。涵洞从394号储罐和395号储罐中间穿过，距离396号储罐北约9m，涵洞入口起点的准确位置不确定。泄漏的部分MCHM化学物质通过土壤渗流到达雨水排放系统内的波纹钢管涵洞，并沿涵管流动直至到达位于防护堤区域外部的涵洞排放位置或出口，排放进入埃尔克河。

（4）未设置泄漏预防和监测系统。

CSB调查组发现Freedom公司没有配备任何泄漏预防或泄漏监测系统，也没有有效的泄漏抑制措施，同时储罐没有设置液位显示装置和测量系统，不能获得MCHM实际泄漏量，造成泄漏量估算不准确。

（5）未按计划进行储罐大修。

CSB调查组发现Freedom公司没有制定合理的定期检查和测试程序，以确保地上储罐和相关设备得到合理的维护。原因一是强制公司具备上述维护程序的管理要求很少，原因二是企业也没有自觉执行这些要求。Freedom公司表示，MCHM储罐在2014年1月泄漏事故发生之前至少10年没有进行检查。

5.4.3 事故启示

（1）加装储罐泄漏监测系统，完善处理泄漏。

由于此次事故发生时，储罐没有配备任何泄漏预防或泄漏监测系统，也没有有效的泄漏抑制措施。因此，建议国内油气管道运营部门加装储罐泄漏监测系统。

（2）开展化学品泄漏物与油品泄漏物渗流特性的差异性研究。

此次Freedom公司396号储罐罐底板泄漏事故的泄漏物为化学品泄漏物，具体泄漏物为粗甲基环己烷甲醇和聚乙二醇醚类（PPH）的混合物。建议国内油气管道运营部门开展化学品泄漏物和原油、成品油泄漏物的渗流特性的差异性研究，从而为化学品泄漏物的应急处置提供理论基础。

（3）严格按照标准开展储罐的完整性检测，定期对储罐防护堤进行安全检查和维护。

6 事故案例分析与管理提升建议

相比管道事故，储罐发生事故的案例数量相对较少。通过对国内外近60年（1961—2018年）共计36项储罐事故进行统计数据分析，发现储油罐事故起因主要可以归纳为设备/材料失效、误操作、其他原因（静电、电气火花短路、火灾）等类型，其中违章作业与设备失效类事故占比较大，而事故的发生通常由多种因素所导致。而通过分析国内外典型储罐事故案例分布发现，国外储罐事故原因主要是由设备/材料失效故障造成，国内储罐事故原因除了上述因素外，管理方面的问题也较为突出，说明我国在油库管理方面与国外相比还存在一定差距。

6.1 违章作业与误操作事故案例分析

本警示录中列举的违章作业与误操作事故原因分类统计情况见表6.1。

表6.1 违章作业与误操作事故原因分类统计

序号	事故名称	事故原因	原因分类
1	Magellan管道公司油库管道误操作泄漏事故	工艺流程缺陷，压力突变导致水击	设计缺陷
2		储罐管段设计缺陷	设计缺陷
3	美国宾夕法尼亚州PEN nzoil公司储罐爆炸事故	储罐设计、完整性和维修不当	设计缺陷
4		储罐区动火作业准备不当	违章动火
5		缺乏对动火作业现场条件变化影响的认识	违章动火
6		未设置事故应急池	设计缺陷
7	美国史迪格服务公司储罐爆炸事故	缺乏热加工作业安全培训	安全培训
8		未遵循安全热加工工作指导原则	安全培训
9		缺乏书面的安全培训计划	安全培训

续表

序号	事故名称	事故原因	原因分类
10	独山子石化油罐爆炸事故	施工单位违法违章作业	制度管理
11		监理单位未认真履行监理职责	制度管理
12	山东弘润石油化工助剂总厂油罐爆炸事故	违章进行动火作业	违章动火
13	Suncor公司油储罐误操作溢油事故	液位报警系统失效	液位报警
14		储罐液位报警限值设置错误	液位报警
15		缺乏人员液位报警系统培训	安全培训
16	印度石油公司罐区火灾爆炸事故	未遵守规范的安全操作程序	制度管理
17		缺乏泄漏自动化远程控制设备	远程控制
18		人员管理不规范	制度管理
19	科威特休阿伊巴炼油厂油罐火灾事故	未严格开展站场设备完整性检测	完整性检测
20		消防系统失效	消防
21	沈阳大龙洋石油有限公司储油罐区油罐着火爆炸事故	安全管理制度未严格执行	制度管理
22		油库设计存在缺陷	设计缺陷
23	金陵石化公司南京炼油厂油品分厂油罐爆炸事故	消防系统失效	消防
24		安全管理制度未严格执行	制度管理
25	兰州石化公司油罐火灾事故	未按规定使用防爆设备	防爆设备
26		防火堤防火防渗不达标	防火堤
27	上海石化储罐爆炸事故	浮盘内残留苯积液遇明火发生爆燃	可燃气体报警
28		施工单位未按规章制度作业	制度管理
29		未按规定使用防爆工具作业	防爆设备

通过对事故原因的分类整理，可以看出在误操作类的事故原因主要分为管理和技术两方面的问题，管理方面的问题主要有制度管理问题、违规动火作业、安全培训不到位、未按规定使用防爆设备、未能定期按要求开展完整性检测等、未能严格执行作业规程、落实安全主体责任不到位、人员由于缺少专业培训导致不能正确处置现场情况等方面；技术方面问题主要有油库设计缺陷、防火堤防火防渗不达标、可燃气体报警器使用不规范、消防系统失效、液位报警系统事故、远程控制与监控系统缺失等，其中设备与系统的失效，除了人员责任心不强，培训不到位等原因外，系统本身的缺陷也是重要原因之一，加强系统自动化水平可以有效提升油库安全管理水平。

6.2 设备故障与失效事故案例分析

本警示录列举的设备故障与失效事故原因分类统计情况见表6.2。

表6.2 设备故障与失效事故原因分类统计

序号	事故名称	事故原因	原因分类
1	美国宾夕法尼亚州储罐爆炸事故	储罐焊缝缺陷	焊缝缺陷
2		低温导致钢板脆性开裂	材料失效
3	BP得克萨斯炼油厂爆炸事故	液位报警系统失效	液位报警
4		安全管理制度未严格执行	制度管理
5	伊朗石油公司油库油罐吸瘪事故	呼吸阀阻塞失效	设备失效
6		人员责任落实不到位	制度管理
7	荷兰阿姆斯特丹炼油厂油罐抽瘪事故	呼吸阀阻塞失效	设备失效
8	荷兰RRP管道公司油罐罐顶塌陷事故	罐顶钢材存在缺陷	材料失效
9		负压导致罐顶塌陷	设备失效
10	德国鲁尔石油公司油库油罐浮盘塌陷事故	浮盘设计缺陷	设计缺陷
11	Enbridge管道公司原油储罐排水球阀失效事故	储罐排水阀门失效	设备失效
12		防护堤水闸失效	防火堤
13		防护堤排水管道泄漏	防火堤
14		泄漏监测系统失效	监测系统
15	Caribbean Petroleum公司成品油储罐设备失效爆炸事故	液位计监测系统失效	液位报警
16		未设置液位联动系统	液位报警
17		灌装作业工艺设置不合理	设计缺陷
18		未设置有效的流量监测设备	监测系统
19		罐区照明不足	罐区照明
20		未设置远程控制进罐阀	设计缺陷
21	Centurion管道公司储罐搅拌器失效事故	储罐搅拌器密封轴承失效	设备失效
22		SCADA系统未能发出泄漏报警信号	监测系统
23	挪威Vest Tank公司储罐自燃爆炸事故	储罐和活性炭吸附罐之间应未安装阻火器	设计缺陷
24	伊拉克国家石油公司炼油厂油罐爆炸事故	机械通风风扇扇叶脱落引起火花	设备缺陷

通过对事故原因的分类整理，可以看出在设备失效故障类事故的原因主要分为管理和技术两方面的问题，管理方面的问题主要有制度管理问题、安全培训不到位、未能定期按要求开展完整性检测、未能严格执行作业规程、落实安全主体责任不到位、人员由于缺少专业培训导致不能正确处置现场情况等方面；技术方面问题主要有设计缺陷、焊缝缺陷、设备失效、防火堤防火防渗不达标、消防系统失效、液位报警系统失效、监控系统失效等，其中设备与系统的失效，除了人员责任心不强，培训不到位等原因外，系统本身的缺陷也是重要原因之一，加强系统自动化水平可以有效提升油库安全管理水平。

6.3 腐蚀失效事故案例分析

金属的腐蚀是指金属和周围介质发生化学反应或电化学反应而受到破坏的现象。金属的腐蚀不仅造成设备损坏，而且不利于自然资源和能源的保护，有时甚至酿成事故，危及人身安全。据统计，在一些工业发达国家，每年腐蚀生锈的钢铁约占其年产量的20%，约有30%的设备因腐蚀而报废。除了造成上述直接损失外，因腐蚀而造成的停工停产，效率降低，原料产品跑冒滴漏产生的污染以及人身事故等间接损失更是惊人。

油库设备多为金属设备，腐蚀对设备的破坏作用较大，尤其是处于洞库的设备和埋地敷设的管线等，由于其环境潮湿，腐蚀造成的油罐及管线的穿孔漏油、污染环境事故时有发生。如某库区有一条长达3784m的地下输油管线，由于施工质量差以及缺乏认真细致的检查验收，结果造成地下输油管道的腐蚀穿孔，在长达一年的时间内一直出现油料短少现象，但未引起重视，后经检查发现管道漏油，据初步计算，共漏掉喷气燃料59374kg；又如某油库25m^{3}卧式油罐底部锈蚀1个4mm小洞，由于平时测量不够，没有及时发现，后来发现海面有油，经检查方才发现油罐漏油，漏损轻柴油2767kg。

油库设备的腐蚀不仅造成设备的损坏，而且影响油库的正常生产，造成设备的效率降低，影响油品质量，油料的跑冒滴漏还污染环境，危及人身安全，增大油库环境的危险性，这常常成为发生重大事故的导火索。

6.4 油罐腐蚀现象及腐蚀机理

油罐管壁的内外两面，罐底板与罐顶板的上下两面都会发生腐蚀。只是腐蚀的原因和程度不同。油罐管壁外面和罐顶板上面，若是地面油罐，直接与大气接触，经常受到雨雪雾霜和潮湿空气的侵袭。在这种气候下，油罐上述部位将形成一层薄水膜，这类薄水膜中可能溶有酸碱或盐类，形成电解液，发生电化学分解。但这种大气作用造成管壁外面或罐顶上面的电化学腐蚀（电解层）是不均匀的，一般钢板凹陷处、焊缝处和其他易积水的部位比较严重些，其他部位则比较轻微。同时由于油罐罐体外部直接与大气接触，空气剧烈流动和受到日光直照，其电化学腐蚀容易缓解。地下隐蔽油罐和山洞内油罐，所处环境比较潮湿，特别是某些洞库油罐洞顶不断滴水，而这些水滴又往往含有酸碱盐等化学成分，这类油罐所处环境又不易得到改变。因此，罐体外部的腐蚀程度要比地面油罐严重很多。

油罐底板的腐蚀程度要比罐体外部严重。油罐底板腐蚀常表现在以下部位，即底板接缝处，因为原有的涂料往往在焊接时被烧毁，使金属直接暴露出来；罐底板周边处，是由于沥青封堵不严浸入了雨水，或由于油罐基础不均匀沉陷，发生裂痕，进入空气或雨水浸入，造成了对底板的氧化腐蚀。

油罐罐体内部（包括罐壁内面、罐顶板下面和罐底板上面）的腐蚀，首先是由于油品含水氧化物和金属表面直接接触空气所造成的化学腐蚀。油品中常含有一定的水分和氧、硫化合物，油罐在油品收发作业中形成的大呼吸使罐内的空气和水分不断通过呼吸阀得到补充。而油品中含的水分和氧、硫化合物以及罐内的空气和水分正是罐内部金属表面氧化腐蚀的主要因素。汽油罐腐蚀最为严重，比一般重油罐要高出 20 倍。油品中的胶质能对罐壁起保护作用，汽油属精馏油品，含胶质少，因此汽油罐腐蚀程度就严重。某些油品中含有硫化氢，不仅能造成化学腐蚀，而且由于腐蚀物存在还可能进一步造成电化学分解。某些轻质油料（如裂化汽油）中挥发出来的不饱和气态罐在使用中，其内部各部位都会发生腐蚀，只是程度不同而已。在一般情况下，内部腐蚀最严重的部位是经常不储油顶部内表面和罐壁上部、油品上下变动频繁的罐壁部分以及油罐底板。经常被储油浸没的部分和不接触水分、空气的部分，腐蚀较轻。油罐各部位的腐蚀情况见表 6.3。

表 6.3 油罐各部位的腐蚀情况

腐蚀部位		油罐类型	腐蚀类型	主要影响因素及情况
油罐外部腐蚀		罐室油罐和掩体内油罐	大气腐蚀	受温度、湿度、大气成分等影响。湿度越大腐蚀越快；大气中含有尘埃、二氧化碳、硫和氮的氧化物、氯化物时腐蚀严重
			渗透水腐蚀	受渗透水化学组成影响，一般含活性物多腐蚀严重
		地上油罐	大气腐蚀	湿度小，腐蚀轻
			自然腐蚀	受雨霜露雪等影响，腐蚀轻重主要决定与空气成分和尘埃含量
		掩体油罐（含罐底）	土壤腐蚀	受土壤的成分、性质、电阻率及杂散电流的影响。通常比大气腐蚀严重
油罐内部腐蚀	储油部分	各类油罐	化学、电化学腐蚀	受油品中的腐蚀性物质、含气量等影响。腐蚀比较轻
	气体空间	各类油罐	化学、电化学腐蚀	受空气中水分、尘埃、二氧化碳、硫和氮的氧化物，以及油品蒸发物等的影响。腐蚀比较严重
	罐底内壁	各类油罐	化学、电化学腐蚀	受沉积物、沉淀水、锈渣等影响。腐蚀严重

某石油基地对油罐腐蚀情况进行了调查分析，该基地地处海边，自 1976 年投产以来，先后建成各类油罐 95 座，总容积 $60 \times 10^4 m^3$，大部分油罐投入使用前内壁用红丹粉、外壁用调和漆进行防腐处理，经测试，各种油罐不同部位的腐蚀速率如表 6.4 所示。

表 6.4 金属油罐不同部位的腐蚀速率 单位：mm/a

油罐类别	罐底（内表面）	油相罐壁	油气或油水两相交界处	油罐顶部
轻油油罐	0.1~0.2	≤ 0.1	0.3~0.5	0.3~0.4
重油油罐	0.2	0.1	0.3~0.5	0.3~0.4
石脑油罐	≤ 0.1	≤ 0.1	0.3~0.5	0.3~0.4
汽油罐	≤ 0.1	≤ 0.1	0.3~0.5	0.3~0.5
柴油罐	0.1	< 0.1	0.1~0.2	0.12
渣油罐	0.1~0.2	0.1	0.1~0.2	0.2
重油罐	0.1~0.2	≤ 0.1	0.1~0.2	0.2
原油罐	0.2~0.3	0.1	0.2~0.3	0.1~0.2

从表 6.4 中可以看出，轻质油罐的腐蚀速率一般大于中、重质油罐的腐蚀速率；轻质油罐顶部汽液相交界处腐蚀速率大于管壁。另外，油罐气相部位的腐蚀一般为均匀腐蚀，而罐底则为不均匀的点蚀；油罐内壁比外壁的腐蚀速率高；当油罐所处环境空气湿度大，四季温差大，空气中氯离子、二氧化碳、硫化物含量高时，则油罐腐蚀速率大。罐底外表与土壤电解质接触，其腐蚀速度约为 0.8mm/a。

6.5 油库管道的腐蚀与防范措施

油库输油管路无论是安装在室内、室外，还是安装在地上、地下或管沟内，都会由于与外界介质加大气、水分、土壤、油料接触，以及杂散电流的影响，不可避免地会发生化学或电化学腐蚀。管沟中的管路出于潮湿的环境中，一些有害气体易于溶入管路表面的水膜中，造成局部的电化学腐蚀，而埋地管路直接跟土壤接触，腐蚀非常严重。经过长时间的化学或电化学反应，各类管路的腐蚀和防腐层老化等问题会日趋严重，而油库在现阶段对地下管路无可靠的检漏技术。因此，输油管路由于腐蚀穿孔而出现的跑、冒、漏油事故时有发生，并由此引起火灾、爆炸、环境污染等问题，给企业和社会带来巨大损失。因此，加强输油管路的防腐工作，延长管路的使用寿命，对于防止跑、冒、漏油事故的发生具有重要意义。

目前输油管路的防腐主要采用涂料防腐和电化学防腐两种方法。涂料防腐的原理是将防腐涂料均匀致密地涂于已除锈的金属管道表面，使其与各种腐蚀环境相隔绝，切断电化学腐蚀的回路，以达到金属管道防腐绝缘的目的。

管道涂料防腐因管路布置方式的不同而各有特点，地面管道和管沟管路由于腐蚀较轻，多用红丹防锈漆打底，再用银粉漆或多色调和漆作为面漆防腐，而地下管道腐蚀比较严重，一般采用绝缘层防腐的方法。目前地下管路的防腐绝缘漆种类甚多，有沥青、聚氯乙烯包扎带、塑料薄膜涂层、酚醛泡沫树脂等。塑料绝缘层由于强度高、弹性好、化学性质稳定，以及防水性、电绝缘性均较强等优点，是应该大力发展的防腐涂料。

电化学防腐法是指对被保护的金属管路进行极化处理，以减少或消除金属管路的腐蚀。电化学防腐法主要有两种：一种是牺牲阳极的阴极保护法，另一种是外加电源的阴极保护法。牺牲阳极的阴极保护法是在要保护的金属管道上连接一种电位更低的金属或合金，该金属或合金叫牺牲阳极，管路连接牺牲阳极后，形成一种新的腐蚀电池，整个输油管路便为阴极，从而使输油管路得到保护。牺牲阳极的阴极保护法的优点是：构造简单，施工管理方便，不需要外加电源，比较适用于需要局部保护的场合，但其保护距离短，不过几公里，当土壤电阻率较高时，保护距离更短。

外加电源的阴极保护是利用外加直流电源，将被保护的金属与电流电源负极相连，使金属管道成为阴极，以减轻或防止腐蚀。其优点是保护距离长，缺点是需外加电源，并且要日常维护。实践证明这是一种行之有效的防腐手段，它不但可以减轻或防止腐蚀的发生，而且所用设备也比较简单，它在埋地输油管路较长的一些油库正逐步得到应用。

6.6 石油储罐安全管理提升建议

通过分析总结全部储罐事故案例，并结合国内石油库管理存在的问题，提出如下结论和管理提升建议，以供国内相关部门进行参考借鉴：

（1）改进双层储罐罐底板的阴极保护系统。

储罐在单层罐改为双层罐底板时，容易出现阴极保护系统屏蔽或干扰，导致阴极保护效果不佳或失效。针对此类问题，美国环保局明文规定，地下储罐设计时一般采用深井阳极技术，已达到保护电流均匀、减少屏蔽和干扰等目的。针对已建储罐补充添加阴极保护和斜井阳极地床、新建储罐采用混合金属氧化物网状阳极系统。

因此，建议国内油气管道运营部门参考国外法规标准规定，对双层罐底板的阴极保护系统设计进行适用性研究，改进双层储罐罐底板的阴极保护系统。

（2）在双层罐罐底板中央加装泄漏监测系统。

在双层罐罐底板事故中泄漏物首先集中在储罐外层罐底板中央，如果没有在储罐罐底安装泄漏监测系统，就不能及时发现泄漏油品从而导致油品外泄。因此，建议国内油气管道运营部门借鉴相关事故启示，在双层储罐罐底板中央加装泄漏监测系统。

（3）通过地下水监测井确定污染边界，降低油品泄漏污染后果。

通过事故经验可见，当事故发生后，通过在污染土壤区域开挖地下水监测井并进行实时监测，可以有效发现地下水中的泄漏油品。因此，建议国内油气管道运营部门借鉴此次事故发生后 Buckeye 公司所采取的应急响应措施，采用地下水监测井确定油品泄漏污染物的边界。

（4）对常规和特殊环境下储罐或管道的阴极保护系统电位进行差别化设置。

通过对腐蚀案例中的管道监测发现，在泄漏点管道内表面检测到高浓度到极高浓度的好氧、厌氧、产酸、硫酸盐等相关细菌，此类浓度极高的微生物导致了管道腐蚀穿孔泄漏。

根据美国标准 NACE 0169《埋地钢制管道腐蚀控制》，处于常规土壤环境管道的阴极保护系统电位为 0.85–1.2V。若管道处于硫酸盐、细菌或高温特殊地区，则其阴极保护系统电流和普通地区的管道存在差异，需要管道运营部门重新考虑设置特殊地区储罐及其附属设施的阴极保护系统电位。因此，建议国内油气管道运营部门参考 NACE 0169《埋地钢制管道腐蚀控制》，对常规和特殊环境下储罐或管道的阴极保护系统电位进行差别化设置。

（5）加装储罐泄漏监测系统，完善处理泄漏事件。

如果储罐没有配备任何泄漏预防或泄漏监测系统，就无法及时发现泄漏事件并采取控制措施。因此，建议国内油气管道运营部门加装储罐泄漏监测系统。

（6）开展化学品泄漏物与油品泄漏物渗流特性的差异性研究。

建议开展化学品泄漏物和原油、成品油泄漏物的渗流特性的差异性研究，从而为化学品泄漏物的应急处置提供理论基础。

（7）制定严格的储罐及其二级安全防护系统的维护保养周期。

国内大多数石油石化企业目前仍采用 SY/T 5921—2017《立式圆筒形钢制焊接油罐操作维护修理规》条款 4.2 对维护保养周期的规定：维护保养分为日常维护保养、季度维护保养和年度维护保养。针对储罐及其附属设施维护检测，EN bridge 公司按照 API 653 标准对储罐二级防护堤进行了定期检查和测试，API653 规定了最低的检测要求。并且 EN bridge 公司制定的定期测试周期为每月，每年，5 年一次以及 10~30 年一次的检查。此外，现场工作人员每天至少要对该油库进行两次目视检查。

因此，建议开展储罐及其二级安全防护堤的完整性检测。定期检测周期建议为每月，每年，5 年一次以及 10~30 年一次的检查。此外，现场工作人员每天至少要对该油库进行两次目视检查。

（8）加强罐区照明。

罐区照明应覆盖全部储罐灌顶以及防火堤内区域，当罐区四周高杆灯照明不能满足要求时，可适当在罐区内加装满足防爆要求的照明设施。

（9）加强储罐附件的维护检修。

建议重视储罐附件的维护检修，针对储罐搅拌器、阻火器、排水管、罐支柱、进出油阀门等储罐附件维护检修，开展储罐附件的维护检修周期和维护检修内容的适用性研究。

（10）制定严格的报警信号管理和处置机制。

设置储罐液位报警系统分级管理机制，针对不同级别的报警信号，分别制定相应的信号应急处理措施，提高事故报警信号处理效率。

（11）合理设置工艺管道内的阀门切换频率。

很多事故原因在于储罐阀门开关切换太快，导致压力瞬变引起水击问题，从而导致管道震动出现位移，引起溢油事故。因此，建议对石油库工艺管道阀门切换速度过快导致的水击效应进行计算评估，合理设置工艺管道内的阀门切换频率，降低库管道压力瞬变的次数。

（12）严格控制储罐充装速度，防止出现静电积累和放电。

储罐充装速度过快将导致静电积累和释放，静电释放点燃了储罐内易燃的燃料空气混合物引起火灾爆炸事故，虽然国内管道运营管理部门对储罐的充装速度进行了严格规定，但在实际操作中，仍应加强培训与管理，严格控制储罐灌装作业过程中流速。

（13）安装石油库储罐泄漏自动化远程控制设备。

分析美国法规标准对远程控制设备的相关要求，PHMSA 在总结若干次石油库及管道事故后，建议修改美国联邦法规第 49 篇第 192.935（c）节，直接要求 HCA 和第 3 类和第 4 类位置上的管道安装自动截断阀 ASV 和远程控制阀 RCV 等阻止泄漏的远程操作设备。因此建议开展储罐泄漏自动或远程控制设备的适用性研究，安装储罐泄漏自动化远程控制设备。

参考文献

［1］娄仁杰，查伟，陈思学．外浮顶油罐雷击路径打火与防护技术研究［J］．中国安全生产科学技术，2014，10（增刊）：120–123.

［2］王金龙．外浮顶原油储罐防雷技术探讨［J］．安全、健康和环境，2018，18（11）：25–28.

［3］安汝文，高洪波．液体化工罐区静电产生的原因及防范措施［J］．安全、健康和环境，2002，2（11）：30–32.

［4］姜惠娟．浅谈外浮顶原油储罐的腐蚀及防护措施［J］．中国石油和化工标准与质量，2012（2）：92，157.

［5］田红岩，等．型外浮顶储罐典型事故分析与风险防控对策［M］．北京：石油工业出版社，2021.

［6］《油库管理手册》编委会．油库管理手册［M］．北京：石油工业出版社，2010.

［7］范继义．油库设备实用技术丛书：油库阀门［M］．北京：中国石化出版社，2007.

［8］马秀让．石油库管理与整修手册［M］．北京：金盾出版社，1992.

［9］马秀让．油库设计实用手册［M］．2版．北京：中国石化出版社，2014.